Von **J. Großmann**, Studienprofessor und Oberinspektor der städtischen Lehrwerkstätten für Holzbearbeitung in München erschien ferner:

Gewerbekunde der Holzbearbeitung
für Schule und Praxis

Band II: **Die Werkzeuge u. Maschinen d. Holzbearbeitung.** 2. Aufl. Mit Abb. [In Vorb. 22]

„Das Werk bietet eine so ausgiebige Behandlung und so zahlreiche praktische Winke, daß jeder Lehrling, jeder Gehilfe und Meister, sowie überhaupt jeder Gewerbetreibende der Holzindustrie dasselbe mit Nutzen lesen wird. Auch für Lehrer der Knabenhandarbeit, für Lehrer an Fortbildungs= und Fachschulen, sowie für Lehrer an Gehilfen= und Meisterschulen wird vorliegendes Werk von Nutzen sein. **(Das Handwerk.)**

Das Holz, seine Bearbeitung und Verwendung

(ANuG Bd. 473.) Kart. M. 1.50, geb. M. 2.—

„Das Büchlein enthält vieles, das jeder wissen sollte, wenn er Holz bearbeiten läßt. Besonders wichtig sind die Abschnitte über Wachstum des Holzes, Lagerung, Verschönerung des Holzes, Holzarten usw."
(Blätter für Knabenhandarbeit.)

*Fachkunde für Holzarbeiterklassen
an gewerblichen Fortbildungsschulen. [Unter der Presse 1922.]

Teil I: **Rohstoffkunde.** Von Studienprofessor und Oberinspektor J. Großmann und Fachhauptlehrer Steininger. Mit 57 Abb. [und 32 Tafeln.

Teil II: **Verbindungslehre für Tischler.** Von Prof. H. Groth. Mit 26 Textabb.

Teil III: **Werkzeuge und Maschinen.** Von Studienprofessor u. Oberinspektor J. Großmann und Fachhauptlehrer Steininger.

Holz= und Hobelbankarbeiten

für den Unterricht in Knabenhandfertigkeit, zur Betätigung der gewerblich arbeitenden Jugend in ihren Erholungsstunden im Elternhaus und Jugendheim hrsg. von Reg.=Rat K. Gotter, Berlin u. Fach= und Gewerbelehrer J. Nicolini, Düsseldorf

2., abgeänd. Aufl. [U. d. Pr. 1922.]

Gruppe I: 35 Blatt Spielzeug und Gebrauchsgegenstände einfacher Art.

Gruppe II: 35 Blatt Gebrauchsgegenstände für geübtere Hände.

Eine Gabe für die Jugend, hervorgegangen aus langjährigen, praktischen Erfahrungen, der Bedeutung der Handarbeit zur Uebung von Auge und Hand, zur Förderung der Geschicklichkeit, für die Erziehung zur Arbeitsfreudigkeit Rechnung tragend. Die Herausgeber gehen ferner davon aus, daß die Erzeugnisse einen gewissen wirtschaftlichen Wert besitzen müssen. So geben sie Anleitung zur Herstellung nützlicher Gebrauchsgegenstände nach eigenem Geschmack, hoffen damit aber auch — was gegenwärtig besonders wichtig ist — der Jugend die Freude an der Instandhaltung des eigenen Heims durch Erlernen selbständigen Ausbesserns zu verschaffen. Die Vorlagen und Anweisungen sind sehr klar und leicht verständlich. Die Arbeit nach ihnen wird vielen zum wahren Genuß der Feierstunden in der Werkstatt oder im Elternhaus werden.

Der deutschen Jugend Handwerksbuch
Herausgegeben von Geh. Oberregierungsrat Professor Dr. L. Pallat

Band I: **Für Anfänger.** 3. Aufl. Mit 117 Abb. u. 1 farb. Tafel. Geb. M. 6.40

Band II: **Für Geübtere.** 2. Aufl. Mit 136 Abb. u. 3 farb. Tafeln. Geb. M. 10.—

„Das Buch lehrt an der Hand zahlreicher Spielereien technische Zeichnungen beurteilen, sind doch überall technische durchgeführte Risse und Werkzeichnungen beigegeben. Auch die Grundlagen zur Ausbildung zum Elektrotechniker werden hier gelegt. In einem besonderen Abschnitt ist die Herstellung elektrischer Apparate gelehrt. Ein nützliches und empfehlenswertes Werk."
(Elektrotechnische Zeitschrift.)

Mein Handwerkszeug
Von Professor O. Frey
Mit 12 Abbildungen. Steif geheftet M. 2.—

Das Buch soll die Jugend zum nachdenklichen Beobachten der Arbeiten unserer Handwerker anleiten, um sie zu befähigen, jene Arbeiten nachmachen und selbständig auf andere Materialien und Bearbeitungsmethoden übertragen zu können.

Springer Fachmedien Wiesbaden GmbH

GEWERBEKUNDE DER HOLZBEARBEITUNG

FÜR SCHULE UND PRAXIS

BAND I

DAS HOLZ ALS ROHSTOFF

VON

JOSEF GROSSMANN
**STUDIENPROFESSOR U. OBERINSPEKTOR
DER STÄDTISCHEN LEHRWERKSTÄTTEN
FÜR HOLZBEARBEITUNG IN MÜNCHEN**

ZWEITE NEUBEARBEITETE UND
ERWEITERTE AUFLAGE

MIT 91 TEXTABBILDUNGEN

Springer Fachmedien Wiesbaden GmbH 1922

ISBN 978-3-663-15395-5   ISBN 978-3-663-15966-7 (eBook)
DOI 10.1007/978-3-663-15966-7

Vorwort zur zweiten Auflage.

Bei den heute vorhandenen und früher nie geahnten vielseitigen Verwendungsweisen des Holzes erscheint es bei der Beschränktheit und dem Werte der vorhandenen Vorräte als eine der wichtigsten und bedeutungsvollsten Aufgaben der Technik und Praxis, mit den uns zur Verfügung stehenden Mengen sparsam und wirtschaftlich umzgehen.

Dies ist aber nur möglich, wenn die eingehenderen Kenntnisse über das Holz, seine Behandlung, Verarbeitung u. dgl. nicht nur ein Monopol einiger Interessenten bilden, sondern in die weitesten Kreise der sämtlichen holzverarbeitenden Gewerbe dringen. Diese Gesichtspunkte mußten mir vor allem bei der Bearbeitung der zweiten Auflage meiner Gewerbekunde als Richtpunkte dienen. Hierbei zeigte sich aber, daß eine einfache Neuauflage dieselben nicht erfüllen kann, sondern nur eine weitergehende Neubearbeitung des Werkes, wodurch durch Aufnahme vieler neuer Erfahrungen und Aufklärungen auf praktischem wie theoretischem Gebiete eine Erweiterung desselben eintreten mußte.

Leider fällt diese Neuauflage in eine der schwierigsten Zeitlagen des deutschen Wirtschaftslebens überhaupt und war deshalb eine restlose Einzelbehandlung aller fachlichen Fragen nicht möglich, wodurch aber auch verschiedene meiner Ansichten und Wünsche in gewisse Grenzen zurückgedrängt werden mußten. Dies betrifft vor allem die Beigabe der in der ersten Auflage vorhandenen farbigen Tafeln der verschiedensten in- und ausländischen Holzarten. Durch eine Neuaufnahme solcher farbiger Tafeln, wie einer eingehenderen Einzelbehandlung einzelner Abschnitte des Buches wäre aber der Umfang wie auch der Preis desselben derart erhöht worden, daß er außerhalb des Verhältnisses gebracht, welches mir als Ziel diente und darin bestand, den Kleingewerbetreibenden, Meistern und Gehilfen, ein Handbuch zu geben, welches nicht zu umfangreich, ihm aber trotzdem hinreichende, nach den heutigen Erfahrungen von Wissenschaft und Praxis über sein Rohmaterial beruhende Aufklärungen bringt. Ich glaube aber, daß dieses Werk trotz seiner gedrängten Form auch den erfahrenen Holzgewerbetreibenden manche Aufschlüsse, Aufklärungen und Anregungen geben und ihm gleichfalls gute Dienste leisten dürfte. Insbesondere dürfte sich die Beschreibung und Zusammenstellung der wichtigsten in- und ausländischen Holzarten, nach Güte und Wert, sowie mit Angabe über ihr Vorkommen und ihre heutigen Verwendungszwecke, wie auch die Aufklärungen über die heute bestehenden, außerordentlich verschiedenen, teils richtigen, teils unrichtigen botanischen und handelsüblichen Benennungen, vor allem der ausländischen Holzarten, als besonders nützlich erweisen.

Der großen Schwierigkeiten bei Behandlung dieser letzteren Fragen war ich mir wohl bewußt, um so mehr, als eine restlose Besprechung derselben im Rahmen dieses Buches ausgeschlossen erschien.

Zur Erreichung des von mir gesteckten Zieles muß aber auch die Schule mitwirken und müssen Praxis und Schule hier zusammenarbeiten.

1*

Es muß deshalb schon in der Fortbildungsschule dem angehenden, jugendlichen Holzarbeiter ein erhöhtes Interesse für das von ihm verarbeitete Material beigebracht werden. Deshalb soll dieses Werk auch dem Lehrer in der Schule als Handbuch dienen, andererseits aber auch noch dem Lehrling verständlich und für ihn erschwinglich sein.

Möge diese neue Auflage diese Zwecke erfüllen und eine ebenso wohlwollende· Aufnahme und Beurteilung finden, wie die erste.

München, im Juli 1922.

Josef Großmann.

Erklärung der abgekürzt vorkommenden Autornamen.

Afzel.	= Afzelius	Latr.	= Latreille
Ait.	= Aiton	L. fil.	= Linné (filius)
Aub.	= Aublet	Lk.	= Link
Benth.	= Bentham	L. C. Rich.	= Louis Claude Richard
Blum.	= Blume	Loud.	= Loudon
Bull.	= Bulliard	Man.	= Magnus
Carr.	= Carrière	Marsh.	= Marsham
Crantz.	= von Crantz	Mart.	= Martius
Cunn.	= Cunnigham	Mchx.	= Michaux
DC.	= De Candolle	Mill.	= Miller
Desf.	= Desfontaines	Mnch.	= Moench
Don	= Don	N.	= Nees
Dougl.	= Douglas	Nutt.	= Nuttal
Eckl.	= Ecklon	Oliv.	= Olivier
Ehrh.	= Ehrhart	Payk.	= v. Paykull
Endl.	= Endlicher	Panz.	= Panzer
Engl.	= Engelmann	Pers.	= Persoon
Er.	= Erichson	Pohl	= Pohl
Fabr.	= Fabricius	Poir.	= Poiret
Fr.	= Fries	Retz.	= Retzius
Gaert.	= Gaertner	R. H.	= Robert Hartig
Gay.	= Gayer	Roxb.	= Roxbourgh
Germ.	= Germar	Salisb.	= Salisbury
Götz.	= Goetze	Scop.	= Scopoli
Guill. et Pers. = Guillemin et Persoon		Sch.	= von Schlechtendal
Htg.	= Hartig	Sieb. et Zucc. = Siebold et Zuccarini	
Hae.	= Haenke	Sm.	= Smith
Hbst.	= Herbst	Spach	= Spach
Hook.	= Hooker	Torr. et Gray = Torrey et Gray Aser	
Höss	= Höss	Tub.	= v. Tubeuf
Ill.	= Illinger	Tul.	= Tulasne
Jasqu.	= Jasquin	Vahl	= Vahl
Krug et Urb. = Krug et Urban		Vent.	= Ventenat
Lamb.	= Lambert	Wangh.	= Wangenheim
L.	= Linné	W.	= Willdenow
Lam.	= Lamarck	Zett.	= Zetterstedt

Inhaltsverzeichnis.

Einschlägige Literatur, Fachzeitschriften.

Bersch, Die Verwertung des Holzes auf chemischem Wege. Hartleben, Wien-Leipzig 1893.
——, Zellulose, Zelluloseprodukte. Hartleben, Wien-Leipzig.
Engler, Die Pflanzenwelt Ostafrikas. 2 Bde. Reimer, Berlin 1895.
Escherich, Forstinsekten Mitteleuropas. Parey, Berlin.
Gayer-Fabrizius, Forstbenutzung. 11. Aufl. Parey, Berlin.
Großmann, Jos., Prof., Gewerbekunde der Holzbearbeitung. Band II. Werkzeuge und Maschinen der Holzbearbeitung. Teubner, Leipzig.
——, Das Holz, seine Bearbeitung und Verwendung. Natur und Geisteswelt, Bd. 473. Teubner, Leipzig.
——, Unsere Nutzhölzer. Bücher des Wissens, Bd. 139. Hillger, Berlin-Leipzig.
——, Die industrielle Verwertung der Holzarten. Band IV. Der Mensch und die Erde. Deutsches Verlagshaus Bong & Co., Berlin-Leipzig.
Hanausek, Prof., Lehrbuch der technischen Mikroskopie. Stuttgart 1901.
Hartig, Rob., Prof., Lehrbuch der Anatomie und Physiologie der Pflanzen. Springer, Berlin.
——, Unterscheidungsmerkmale der wichtigeren Hölzer. München 1898.
——, Lehrbuch der Pflanzenkrankheiten. Berlin 1900.
——, Der echte Hausschwamm. Berlin 1902.
Heß-Beck, Der Forstschutz. Erster Teil: Schutz gegen Tiere. Zweiter Teil: Schutz gegen Menschen, Gewächse und atmosphärische Einwirkungen. Teubner, Leipzig 1916.
Judeich und Nitsche, Lehrbuch der mitteleuropäischen Forstinsektenkunde. Berlin 1895.
Lang, Gustav, Das Holz als Baustoff. Kreidel, Wiesbaden 1915.
Laris, Eugen, Rohholzgewinnung. Hartleben, Wien-Leipzig.
——, Nutzholz liefernde Holzarten. Hartleben, Wien-Leipzig.
Malenkovic, Basil., Die Holzkonservierung im Hochbau. Hartleben, Wien.
Mayer, Dr. Heinr., Fremdländische Wald- und Parkbäume. Parey, Berlin.
Möller, Die Rohstoffe des Tischler- und Drechslergewerbes. Kassel 1883.
——, Prof. Dr., Hausschwammforschungen. Gust. Fischer, Jena 1913.
Neger, F. W., Dr. Prof., Die Krankheiten unserer Waldbäume. Ferd. Emke, Stuttgart.
Nördlinger, H., Querschnitte von 1100 Holzarten. 11 Bde. Stuttgart.
——, Die gewerblichen Eigenschaften der Hölzer. Stuttgart 1890.
Nöring, H., Die den Bauhölzern und den Gebäuden gefährlichen Pilze. Gräse & Unger, Königsberg i. Pr.
Rattinger, Karl, Nutzhölzer der Vereinigten Staaten. Forstbüro Silva, Wiesbaden 1910.
Thenius, Dr., Das Holz und seine Destillationsprodukte. Hartleben, Wien.
Troschel, Ernst, Handbuch der Holzkonservierung. Springer, Berlin 1916.
Tubeuf, v., Dr., Die Nadelhölzer. Eugen Ulmer, Stuttgart.
——, Bauholzzerstörer. Eugen Ulmer, Stuttgart.
——, Pflanzenkrankheiten. Berlin 1895.
Walde, Hermann u. Emil August, Der praktische Tischler. J. Arnd, Leipzig.
Wiehe, Ernst, Fremde Nutzhölzer. Leuwer, Bremen 1912.
Wiesner, Rohstoffe des Pflanzenreiches. Engelmann, Leipzig.
Wilhelm, Prof. Dr., Bäume und Sträucher des Waldes. Wien u. Olmütz 1889.

Der Holzkäufer. Zentralblatt für Holzindustrie und Holzhandel. Leipzig.
Die Holzwelt. Berlin-München.
Deutsche Tischlerzeitung. Günther, Berlin.
Der süddeutsche Möbel- und Bauschreiner. L. Heilborn, Stuttgart.
Das Hobel- und Sägewerk. Heidelberg.
Fachblatt der Holzarbeiter. Berlin.
Naturwissenschaftliche Zeitschrift. v. Tubeuf, München-Stuttgart.
Zentralblatt für den deutschen Holzhandel. Stuttgart.

Einleitung.

Wenn man sich auch den Bau eines Hauses ohne Verwendung von Holz denken könnte, so ist doch die Behaglichkeit einer Wohnung an die verschiedensten Holzmöbel gebunden. Aus Holz ist unser Arbeitstisch, unser Sessel und unsere Ruhebank; aus Holz sind unsere Kleider- und Wäscheschränke, die Türen und die Fensterrahmen unserer Wohnungen; aus Holz sind vielfach die Spielgeräte unserer Kinder, die Bänke und Tafeln in allen Schulen. So spielt das Holz im Leben des Menschen und in der Entwicklung der Kultur eine sehr bedeutsame Rolle.

In der Bearbeitung des Holzes finden Tausende von Arbeitern Erwerb und Lebensunterhalt.

Das Holz ist demnach einer der wichtigsten Rohstoffe.

Die Natur liefert es auch in allen Zonen als fertigen und unmittelbar brauchbaren Rohstoff. Es setzt der Bearbeitung durch Menschenhand so geringe Hindernisse entgegen, daß es auch von Völkern auf niedrigster Kulturstufe bei Herstellung der Wohnungen und der Geräte verwendet wird.

Wir haben auch aus der Geschichte aller Zeiten Mitteilungen über das Holz, seinen Gebrauch, seine Bearbeitung, über Holzarbeiter und Holzbearbeitungswerkzeuge.

Allgemeiner Teil.

Die Gewerbekunde oder Technologie befaßt sich mit den in den verschiedenen Gewerben verwendeten Rohstoffen, ihrer Bearbeitung, sowie mit den hierbei anzuwendenden Hilfsmitteln, Werkzeugen, Maschinen usw.

Man kann demnach die Gewerbekunde auch als die Lehre von der Umgestaltung der Rohstoffe bezeichnen. Je nachdem nun diese Umgestaltung in einer Veränderung der äußeren Form des Rohstoffes oder in der Veränderung oder Untersuchung der inneren Zusammensetzung besteht, wird die Technologie in eine mechanische und in eine chemische eingeteilt.

In die mechanische gehört die Beschreibung der Verarbeitung des Holzes, der fertigen Metalle, der Steine, des Leders usw. nebst den hierbei in Verwendung kommenden Werkzeugen und Maschinen, während in die chemische alle jene Prozesse gehören, welche sich mit der Untersuchung oder Umänderung der inneren Zusammensetzung des Körpers oder der Herstellung von chemischen Präparaten, als Farben, Lacken, Leim usw. befassen.

Im Gewerbebetriebe ist jedoch eine strenge Scheidung in mechanische und chemische Gewerbe nicht immer möglich, weil viele Gewerbe gleichzeitig die Kenntnis mechanischer und chemischer Prozesse verlangen.

Da jedoch das Gesamtgebiet der Technologie in diesen zwei Hauptgruppen nicht vollständig übersehen und beschrieben werden kann, ist eine weitere Teilung innerhalb dieser zwei Hauptgebiete in eine allgemeine oder vergleichende und in eine spezielle Technologie getroffen worden.

Wenn es sich z. B. darum handelt, eine genaue Beschreibung eines bestimmten Gewerbes oder der Entstehung eines bestimmten Erzeugnisses
zu erhalten, wird man die spezielle Technologie anwenden; nimmt
man jedoch diese Einteilung nach Gruppen vor und faßt diejenigen Gewerbe, welche in der Verwendung des Materiales, der Arbeiten und Werkzeuge usw. viele Gleichheit besitzen, ohne Rücksicht auf die Einzelheiten,
z. B. sämtliche das Holz verarbeitende Gewerbe, in eine Gruppe zusammen,
so kann man eine solche Beschreibung mit allgemeiner oder verglei-
chender Technologie bezeichnen.

Das vorliegende Werk behandelt das Holz als Rohmaterial im allgemeinen, dabei aber auch die Zusammensetzung und Verwendung der verschiedenen Produkte des Holzes. Es ist deshalb eine allgemeine Technologie, wobei den physikalisch-mechanischen und chemisch-technischen Verhältnissen und Vorgängen in gleicher Weise Rechnung getragen wird.

Die in diesem Werke enthaltenen Abbildungen von Fehlern, Krankheiten
und Zersetzungserscheinungen, Holzarten u. dgl. sind nach Objekten hergestellt, die in der von mir angelegten und ausgebauten technologischen
Sammlung für Holzbearbeitung der Zentralgewerbeschule an der Liebheer-
straße in München aufgestellt sind. Sie sollen dem Praktiker, Lehrer und
Schüler zum leichteren Erkennen und Bestimmen verschiedener oft zu be-
obachtender Fälle dienen.

Bei Benutzung des Werkes im Unterricht sollen sie jedoch keineswegs
das Anschauungsmaterial ersetzen.

Das natürliche Anschauungsmaterial kann beim technologischen Unterricht weder allein durch das bloße Wort, noch durch Abbildungen in rich-
riger Weise ersetzt werden.

I. Das Wachstum und der innere Bau des Holzes.

Wer an den Erscheinungen der Natur nicht teilnahmslos vorübergeht,
wird schon beim Entrinden eines Baumstammes oder Zweiges, vor allem
wenn dies im Frühjahr geschieht, die dünne Schicht einer schleimigen,
durchsichtigen Masse beobachtet haben, welche sich zwischen dem Baste
und dem eigentlichen Holze befindet.

Von dieser Masse, dem Kambium (Bildungsring, Verdickungsring, Zu-
wachszone), geht bei allen Holzgewächsen, mit Ausnahme der Palmen,
Farne, Gräser usw., das Wachstum des Holzes aus. Sie besteht aus unendlich kleinen Zellen, welche einen rings um den Zweig oder Stamm geschlossenen Zonenring bilden.

Diese Kambiumschicht, welche alljährlich über Winter in den oberirdischen Teilen unserer Holzgewächse ihre Tätigkeit einstellt, um diese im
Frühjahr mit Beginn der Wachstumsperiode am kräftigsten wieder aufzunehmen, setzt sich nach innen in Holzzellen und nach außen in Bastzellen um.

Man versteht deshalb unter Holz im technischen Sinne die
innere, vom Kambium und weiter noch vom Bast und Rinde um-
schlossene Masse der Äste, Stämme und Wurzeln unserer Bäume
und Sträucher.

Der zellige Bau; Zellformen. Das Grundgebilde, aus dem sich das Holz
aufbaut, ist die Zelle. Anfänglich im Kambium ein winziges, dünnwandi-

ges Bläschen, das sich alsbald in die Länge streckt, seine Wandungen verdickt und nun zur Holzfaser wird. Dieselben bilden den Hauptbestandteil des Holzes und bedingen seine Festigkeit. Das Holz ist demnach keine gleichmäßige dichte Masse, sondern ein Körper von zelligem Gefüge, in welchem zahlreiche winzige Hohlräume durch gemeinschaftliche Scheidewände voneinander getrennt sind, so daß sein Inneres einem Fachwerk gleicht (Abb. 1).

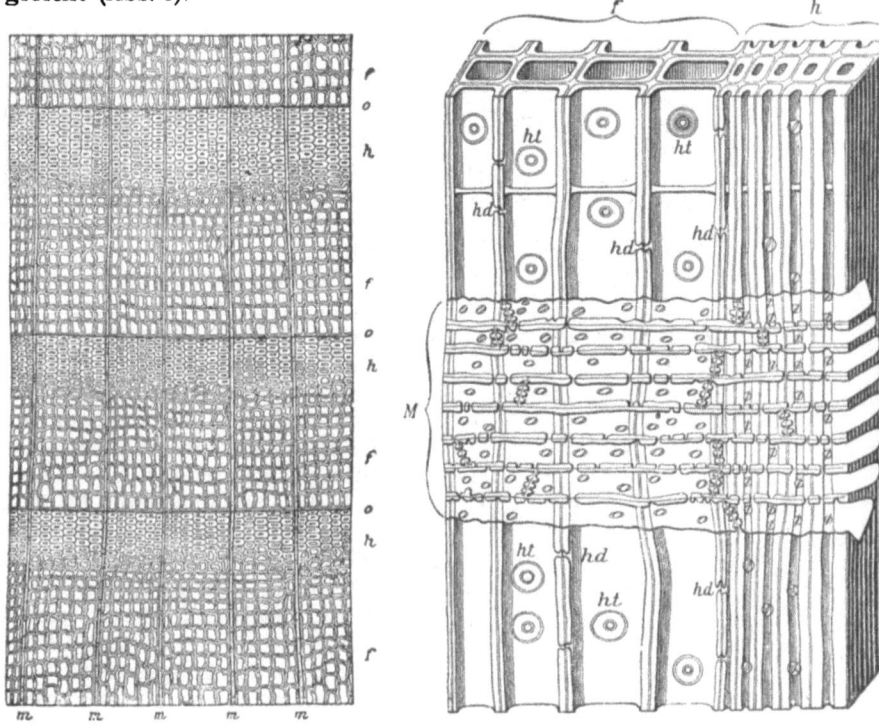

Abb. 1.
Fachwerksbau d. Nadelholzes.
Querschnitt aus dem Stammholze der
Tanne. (Vergröß. 30 fach.) f = Früh-
holz; h = Spätholz; o = Jahresring-
grenze; m = Markstrahlen.

Abb. 2.
Radialer Längsschnitt d. Tannenholzes.
f = Zellen des Frühholzes; h = Zellen des Spät-
holzes; M = Markstrahlen aus mehreren Zellreihen
bestehend; ht = Hoftüpfel; hd = Hoftüpfel durch-
schnitten. (Vergröß. 270 fach.)

Diese einzelnen, ringsum geschlossenen Fächer werden als die Zellen des Holzkörpers bezeichnet. Dieselben sind jedoch nach Form, Gestalt und Größe sehr von einander verschieden, wie auch ihre Aufgaben, welche sie im Holzkörper zu erfüllen haben, wesentlich verschiedenartige sind.

Einer Gruppe von Zellen obliegt die Aufgabe, das von den Wurzeln aufgenommene Wasser und die in ihm gelösten anorganischen Nährsalze sowie den so wichtigen Stickstoff, welchen die Pflanze nicht unmittelbar aus der Luft, sondern aus dem Erdboden aufnimmt, nach dem Holzkörper und der das Wasser verdunstenden Krone emporzuleiten. Sie stellen sich meist als längliche, faserförmige Zellen mit oft unterschiedlich, ring-spiralförmig o. dgl. verdickten oder getüpfelten Wandungen dar, deren Verbindung untereinander durch die in ihren Seitenwänden liegenden einfachen und behöften

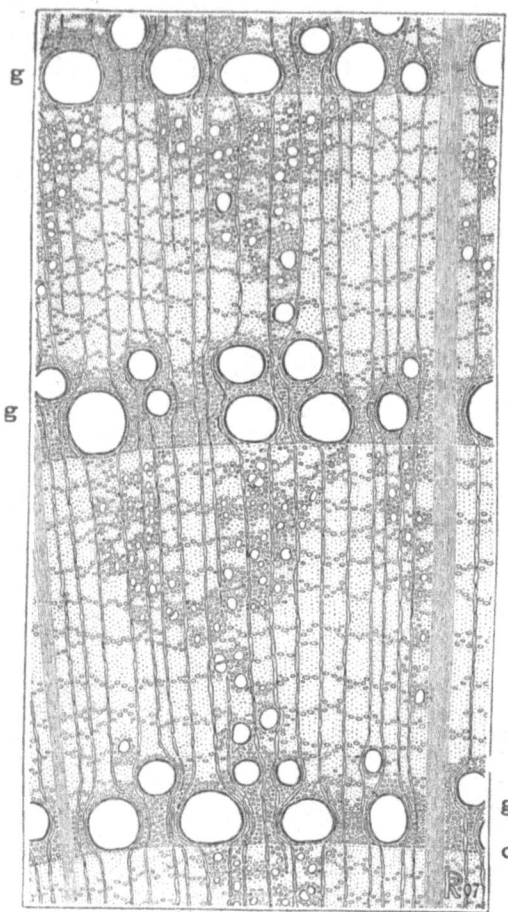

Abb. 3. Querschnitt aus dem Stammholze eines ringporigen Laubholzbaumes(Eiche). Vergröß. 55fach. (Aus Großmann, „Die industrielle Verwertung der Holzarten", Bd. IV. „Der Mensch und die Erde".
o = Jahresringgrenze; *g* = Gefäße des Frühholzes; *h* = Spätholz mit einigen kleineren Gefäßen; *m* = Markstrahlen.

Tüpfel, die sog. „Hoftüpfel" erfolgt. Diese langgestreckten, mehr oder weniger faserförmigen und an den Enden zugespitzten Zellen bilden den Hauptbestandteil des Holzkörpers der Nadelhölzer und werden hier als „Tracheiden" bezeichnet, wenngleich sie auch den Laubhölzern nicht fehlen (Abb. 2).

Unter Berücksichtigung der Beteiligung dieser Zellen an der Wasserbewegung führen sie auch die Bezeichnung „Wasserzellen" (Leitzellen, Luftröhren).

Bei den Laubhölzern bilden diese als „Tracheen"[1]) bezeichneten Zellen röhrenartige Gebilde, die sog. „Gefäße", welche sich aus einzelnen Gliedern zusammensetzen, die wieder aus Längsreihen zylindrischer Zellen infolge Schwindens der Querwände entstanden sind (Abb. 3 u. 4). Auf dem Quer- oder Hirnschnitt mancher Holzarten, z. B. der Eiche, Ulme, Esche, sind diese Gefäße schon mit freiem Auge als kleine Löcher (Poren), auf dem Längsschnitt aber als kleine Striche zu erkennen, welche wie mit einer scharfen Nadelspitze in den Holzkörper eingeritzt erscheinen (Abb. 5). Alle anderen Zellen der Laubhölzer, sowie sämtliche Zellen der Nadelhölzer sind mit freiem Auge nicht sichtbar.

Die Gefäße, deren Länge, Weite und Anordnung nicht nur in den einzelnen Holzarten, sondern selbst im gleichen Holzkörper eine ganz verschiedentliche ist, bilden ein wichtiges Unterscheidungsmerkmal unserer Laubhölzer, während sie den Nadelhölzern fehlen. Einige derselben besitzen jedoch den Gefäßen ähnliche, mit Harz erfüllte Lücken (Harzgänge oder Harzkanäle) (Abb. 6), welche durch Auseinanderweichen benachbarter zylindrischer Zellen entstanden sind. Bei der Kiefer sind diese Harzgänge zumeist schon mit freiem Auge wahrnehmbar und zeigen sich auf Längsschnitten als feine, dunkle Längsstreifchen.

---

1) Trachea (griechisch) = Luftröhre.

Eine andere Gruppe von Zellen, welche vornehmlich zur Festigung des Holzkörpers beitragen, sind die Sklerenchym-[1]) oder Libriformfasern[2]), auch „Festigkeits- oder Stützzellen" genannt. Es sind dies langgestreckte, faserförmige Zellen mit dicken Wandungen und sehr kleinen spaltenförmigen Tüpfeln. Sie kommen nicht in jeder Holzart vor, sind vielmehr in ihrem Vorkommen auf die Laubhölzer und Palmen beschränkt.

Eine dritte Gruppe sind die „Parenchymzellen"[3]), auch „Speicherzellen" genannt,

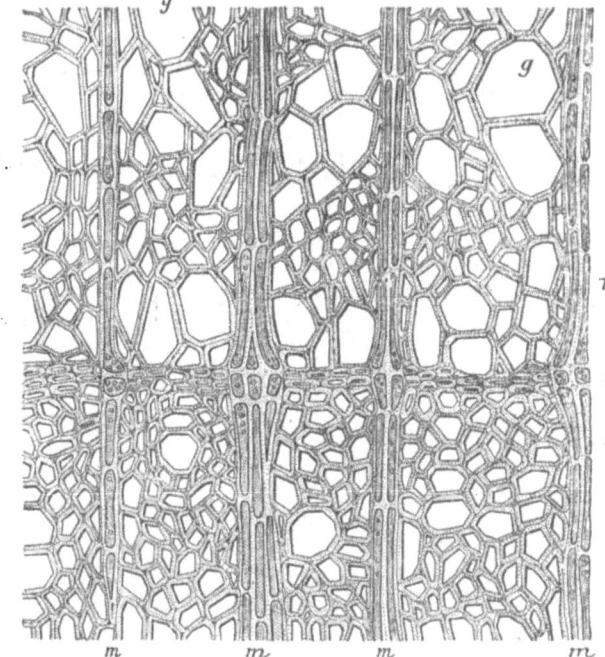

Abb. 4. Querschnitt aus dem Holze eines zerstreutporigen Laubholzbaumes (Steinlinde). f = Frühholz; h = Spätholz; o = Jahresringgrenze; m = Markstrahlen; g = größere Gefäße im Frühholz. (Vergröß. 300 fach.)

1) Von skleros (griech.) = trocken, hart und enchyma (griech.) = das Eingegossene.
2) Von liber (lateinisch) = Bast und forma (latein.) = Form, wegen der Ähnlichkeit mit den sog. Bastzellen.
3) Parenchym (griechisch) = Inneres eines weichen, saftreichen Organes im Gegensatz zur Haut.

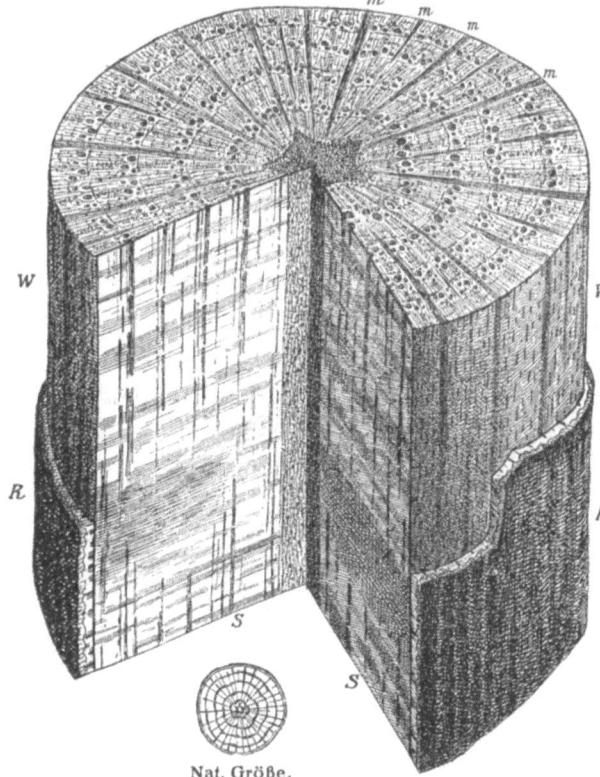

Nat. Größe.

Abb. 5. Holzstück aus dem Stämmchen einer fünfjährigen Stieleiche. Q = Querschnittfläche mit den im Frühholz der Jahresringe als kleine Löcher erscheinenden größeren Gefäßen; m = breitere und schmälere, radial zum Mark laufende Markstrahlen; S = Spiegelfläche. Die Gefäße erscheinen hier als längliche, in den Holzkörper eingeritzte Striche; die Markstrahlen als breitere und schmälere, horizontal zum Mark laufende Querstreifen. W = Wölbfläche mit breiteren und schmäleren Markstrahlen, welche hier als lotrechte, längliche Striche erscheinen; R = Rinde mit Bast- und Kambialschicht.

deren Aufgabe in der Aufspeicherung von Nährstoffen während der Winterruhe wie der Verarbeitung von Reservestoffen besteht. Ihr Inhalt besteht aus einer schleimigen, eiweißreichen Substanz, dem sog. „Protoplasma"[1]), an dessen Gegenwart und Tätigkeit sich alle Lebensäußerungen der organischen Wesen knüpfen. Sie unterscheiden sich von den übrigen Zellen nicht nur allein durch den Inhalt, sondern auch durch ihre stumpfkantige, zumeist prismatische oder zylindrische Form.

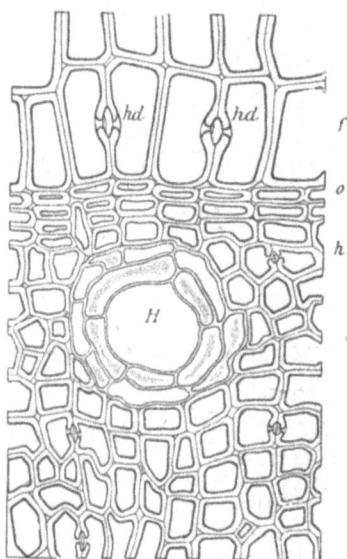

Abb. 6. Querschnitt aus dem Holze der Zirbelkiefer. o = Jahresringgrenze; f = Frühholz; h = Spätholz; H = quer durchschnittener Harzkanal; hd = quer durchschnittener Hoftüpfel. (Vergr. 220 f.).

Abb. 7. Darstellung der drei Hauptschnittrichtungen an einem Ulmenstammstück. Q = Quer- oder Hirnschnitt; S = Spiegel- oder Radialschnitt; F = Flader-, Sehnen- oder Tangentialschnitt.

Zerlegung des Holzkörpers in Schnitte. Die meisten der für den Holzarbeiter in Betracht kommenden Erscheinungen werden erst vollständig klar, wenn man den Holzkörper in verschiedene Schnitte zerlegt und die Schnittflächen genauer betrachtet (Abb. 7).

Ein Schnitt, senkrecht auf die Achse des Stammes geführt, heißt Quer- oder Hirnschnitt und zeigt das bekannte Hirnholz. Ein Längsschnitt durch die Mittellinie (Achse) des Stammes heißt Radial-, Spalt- oder Spiegelschnitt; ein Längsschnitt, mehr gegen den äußeren Umfang und parallel zur Achse oder rechtwinklig zum Radialschnitt geführt, heißt Tangential-Sehnen- oder Fladerschnitt.

Jeder dieser Schnitte zeigt die Grunderscheinungen des Holzes in so auf-

---

1) Protoplasma = Urgebilde; lebendes Eiweiß.

fallender Form, daß damit die wichtigsten Anhaltspunkte zur Unterscheidung der Laub- und Nadelhölzer, der einzelnen Holzarten in diesen beiden Gattungen, sowie der Güte und Brauchbarkeit des Holzes gewonnen werden können.

Betrachtet man den Querschnitt eines Stammes (Abb. 8), so kann man in der ungefähren Mitte desselben eine kleine Höhlung oder auch eine weiche, poröse Masse, das Mark oder die Markröhre beobachten. Um dasselbe ordnen sich in unregelmäßigen Schichten die Jahresringe an; zunächst an das Mark reiht sich das festeste, schwerste, bei manchen Holzarten auch dunkler gefärbte Holz des ganzen Stammes, das Kernholz. An dieses schließen sich die jüngeren Jahresringe an, welche aus saftreicherem, aber weniger hartem und festem, manchmal auch heller gefärbtem Holze bestehen, das Splintholz genannt wird. An den letzten Ring des Splintes schließt sich der bereits besprochene Bildungs- oder Kambiumring an, welcher, wie oben bemerkt, nach außen durch Bildung von Bastzellen Bast absetzt. Die äußerste Hülle, welche dem Baume gewissermaßen als Schutz gegen äußere Einflüsse

Abb. 8. Querschnitt aus dem Stammholze der Kiefer.
M = Mark; K = Kernholz; S = Splintholz; KB = Kambial- u. Bastzone; R = Rinde (Borke).

dient, die Rinde, besitzt in der Jugend noch eine Oberhaut (Epidermis). Durch das Wachsen des Baumes in die Dicke entstehen nun in der Rinde bedeutende Spannungen, infolge deren sie reißt und dann die bekannte Borkenbildung erfolgt, bei der Korkeiche aber eine vollständige Verkorkung (Korkrinde) eintritt.

Markstrahlen. Wenn man den Querschnitt z. B. der Eiche oder Rotbuche (Abb. 9) etwas genauer betrachtet, wird man schon mit freiem Auge feine, glänzende Streifen bemerken, welche vom Mark aus strahlenförmig gegen die Rinde verlaufen und deshalb auch Markstrahlen genannt werden. Sie sind ebenso wie der übrige Holzkörper aus Zellen zusammengesetzt. Während jedoch die sonstigen Zellen im stehenden Baume mehr oder weniger lotrecht, also parallel zur Mittellinie des Stammes gelagert sind, liegen die Markstrahlenzellen horizontal.

Auf dem **radialen** Längsschnitt erscheinen die Markstrahlen als glänzende, unterschiedlich breite und oft verschiedentlich geformte Querstreifen (Abb. 9), welche vom Mark zur Rinde verlaufen und vom Holzarbeiter mit

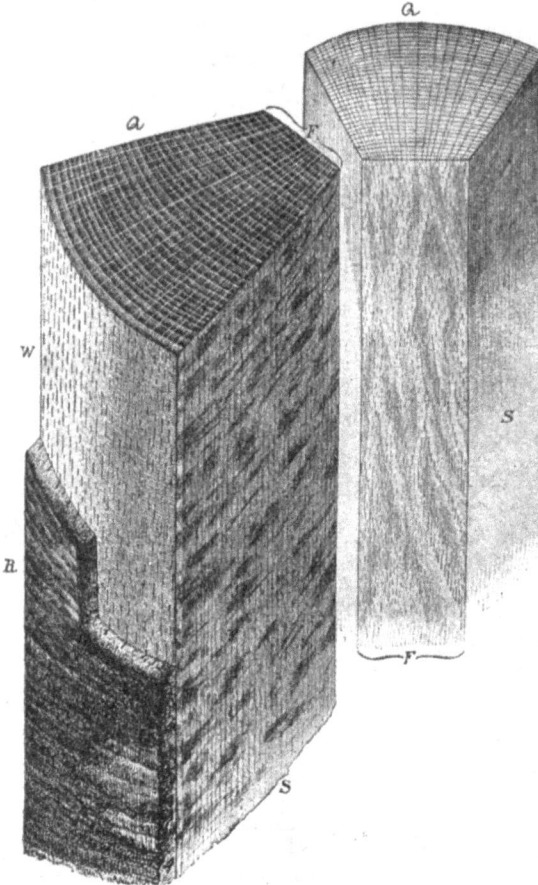

dem Ausdruck „**Spiegel**" bezeichnet werden. Man nennt deshalb die radiale Schnittfläche des Holzkörpers auch **Spiegelfläche** oder **Spiegelschnitt**, während für den Ausdruck „**Spaltfläche**" ebenfalls die Markstrahlen maßgebend sind, da sie als gleichsam trennende Gewebe im Holzkörper eine Spaltung desselben nach dieser Richtung am leichtesten ermöglichen. Diese Spiegel können bei manchen Holzarten ganz ansehnliche Größe erreichen.

Auf dem **tangentialen Längsschnitt** (**Fladerschnitt**) erscheinen die Markstrahlen als in der Längsrichtung des Stammes liegende Striche oder längliche, linsenförmige Streifen, welche gewöhnlich dunkler als die Grundmasse des Holzes aussehen und besonders bei der Rotbuche sehr schön zu erkennen sind (Abb. 9).

Die Markstrahlen fehlen keiner Holzart; sie sind jedoch nicht bei allen mit freiem Auge sichtbar. Sehr deutlich erkennbar sind sie bei der Eiche, Platane, Rotbuche, oft auch bei der Ulme, weniger deutlich bei Linde, Ahorn,

Abb. 9. **Rotbuchenstück. Darstellung der Verschiedenartigkeit der Markstrahlen in den drei Hauptschnittrichtungen.**
Q = Querschnittfläche; S = Spiegel- oder Radialfläche; F = Tangentialfläche (Fladerschnitt); W = Wölbfläche; R = Rinde.

Kirsche, Apfel, nur mit dem Vergrößerungsglas zu erkennen bei Pappel, Birne, Weißbuche sowie bei allen Nadelhölzern.

Jahresringe. Die meisten Hölzer, insbesondere fast alle einheimischen Arten, zeigen im Querschnitt des Stammes schon dem unbewaffneten Auge ringförmige Schichten (Abb. 8). Diese rühren daher, daß in jedem Jahr ein neuer Ring (Jahresring) um den bereits vorhandenen Holzkörper aus der Kambialschicht zuwächst. Die Anzahl der auf dem Querschnitt sichtbaren Jahresringe gibt also das ungefähre Alter des betreffenden Stammstückes an.

Die Zunahme der Holzmasse erfolgt bei den Holzgewächsen unserer Zone nicht durch das ganze Jahr gleichmäßig, sondern wird durch die Winterruhe unterbrochen, was bei den meisten tropischen Hölzern nicht der Fall ist; daher fehlen den Holzarten der heißen Zone vielfach die Jahresringe.

In jedem Jahresring ist das im Frühjahr gebildete Holz, das F r ü h j a h r s - oder F r ü h h o l z weniger dicht und daher in der Regel lichter als das später gebildete, dichtere und dunkler erscheinende S o m m e r - oder S p ä t - h o l z, auch fälschlich H e r b s t h o l z genannt (Abb. 1, 3, 4, 5, 9, 10). Da die Holzbildung im Herbst mit sehr engen aber dickwandigen Zellen abschließt, während sie im nächsten Frühjahr unmittelbar wieder mit zahlreichen weiteren Elementen beginnt, ist die Grenze zwischen beiden Lagern meist scharf sichtbar.

Am schärfsten tritt dieser Unterschied bei den Nadelhölzern sowie den sog. r i n g p o r i g e n L a u b - h ö l z e r n, zu welchem Eiche, Ulme, Esche, Edelkastanie, Akazie u. a. zählen, hervor. Bei diesen Holzarten bilden die größeren, weiteren, im Frühjahrsholz vorkommenden Gefäße einen auffälligen, zusammenhängenden Porenring, während die Gefäßreihen im Spätholz kleiner und weniger zahlreich sind (Abb. 5). Sind jedoch die Gefäße im Früh- und Spätholz im allgemeinen kleiner, gleichmäßig verteilt und nicht wesentlich in ihrer Größe unterschieden, dann spricht man von z e r s t r e u t p o r i g e n L a u b h ö l z e r n (Fig. 4). Zu diesen zählen Rotbuche, Nußbaum, Ahorn, Linde, Mahagoni u. a. Bei ihnen tritt die Abgrenzung der Jahresringe weniger stark hervor.

Abb. 10. Querschnitt aus dem Stammholze der Fichte mit Trockenriß (Luftriß) und Harzgallen.

Die Breite der Jahresringe ist sehr verschieden und hauptsächlich von den Verhältnissen abhängig, unter welchen ein Baum gewachsen ist. Sie kann ausnahmsweise Zentimeter, aber auch nur Bruchteile eines Millimeters betragen. Selbst an ein und demselben Stamme kann die Breite der Jahresringe vielfachen Schwankungen unterliegen, hervorgerufen durch klimatische Verhältnisse, trockene oder nasse Sommer, Frost, Hitze, Entlaubung infolge Raupenfraßes usw.

Im allgemeinen wird in der Praxis bei Nadelhölzern das schmalringige, bei den Laubhölzern dagegen das breitringige Holz als das bessere und technisch wertvollere bezeichnet. Wenngleich es schwer hält, eine feste Bestimmung über die richtige Breite der Jahresringe zu geben, kann doch mit Sicherheit gesagt werden, daß Nadelhölzer mit breiteren Jahresringen in der Regel ein leichteres und locker gebautes Holz von geringerer Festigkeit und Dauer ergeben. Bei vielen Laubhölzern, so vor allem in den weitaus meisten **Fällen** bei der **Eiche**, **muß** man wieder dem breitringig gewachsenen **Holze** den **Vorzug geben.**

Bei einer **Verwendung** des Holzes ist dessen **Quer- oder Hirnschnitt** nur in ausnahmsweisen **Fällen** zu **sehen**; fast ausschließlich sind es die beiden Längsschnittflächen, welche auch die **Zeichnung** des Holzes in günstigster **Weise zeigen.**

Während man nun an einer **Radialschnittfläche** parallel zur Längsachse des Stammes verlaufende gerade **Linien** beobachten kann, die ihren **Zusammenhang** mit den im **Querschnitt** als **Jahresringe** bezeichneten **Bildungen** leicht erweisen lassen (Abb. 7), erscheinen in der **Tangential-Sehnen- oder Fladerschnittfläche** die **Jahresringe** nicht mehr als geradlaufende, sondern als halben **Ellipsen** ähnliche **Linien** und bilden eigenartige **Figuren.** Zur **Erklärung** dieser **Figurenbildung muß** man sich den **Baumstamm** als geometrischen **Kegel** vorstellen, der aus so vielen **Hohlkegeln** zusammengesetzt ist, als **Jahresringe** vorhanden sind. Da die **Jahresringe** sichtbar sind, müßte nun im **Tangentialschnitt** des geometrischen **Stammkegels** jeder **Jahresring** als eine **Hyperbel**[1]) erscheinen. Diese **Regelmäßigkeit** erleidet aber durch ungleichen **Wuchs**, durch **Astbildungen** usw. weitgehende **Störungen**, die den **Jahresringen** im **Tangentialschnitt** die eigenartige, oft sehr **gefällige Zeichnung** geben (Abb. 7 u. 73). Das ganze **Gebilde** nennt man in der **Praxis Flader**, was jedoch nicht zu verwechseln mit **Maser** ist.

Auch die **Form der Jahresringe** kann insofern eine verschiedene sein, als diese entweder gleichmäßig gerundet oder, wie bei unserer **Weißbuche**, grob **wellenförmig** erscheinen.

Splint-, Reifholz- und Kernholz. Bei manchen **Holzarten** zeigen alle **Jahresringe**, die inneren wie die äußeren, auf der frischen **Hirnschnittfläche** eine gleichmäßige **helle Färbung**, so z. B. bei **Tanne**, **Fichte** (Abb. 10), **Ahorn**, **Linde**, **Weiß-** und **Rotbuche**. Bei vielen **Holzarten** finden jedoch **Veränderungen** im **Innern** des **Holzkörpers** statt, die sich dadurch charakterisieren, daß die inneren, älteren **Jahresringe** im **Vergleich** zu den jüngeren sehr verschiedentlich dunkler gefärbt erscheinen (Abb. 8). Man bezeichnet diese **Veränderung** als **Verkernung** und nennt alle **Holzarten**, welche diese **Erscheinung** aufweisen, **Kernhölzer.** Die **Verkernung** ist im **Absterben** der **Zellen**, welche **Nährstoffe** enthalten, und im **Aufhören** der **Wasserleitungsfähigkeit** dieser **Holzteile** begründet.

Da nun bei diesem **Vorgang** sich verschiedene **Farbstoffe**, **Gerbstoffe**, **Harze** u. a. in den **Innenräumen** der **Zellen** und **Gefäße** ablagern, wird das **Holz** schwerer, härter, fester und erhält die charakteristischen **Verfärbungen.**

Bei manchen **Holzarten** kann man sogar eine **Unterscheidung** in drei **Teile** machen. Zwischen **Kern** und **Splint** liegt dann ein **Teil**, der nicht viel dunkler als der **Splint**, aber fast ebenso trocken als der **Kern** ist. Diese **Schicht** heißt **Reifholz.**

Man unterscheidet hiernach:

1. **Splintbäume**, ausschließlich aus saftführendem **Splintholz** bestehend; hierher gehören **Ahorn**, **Birke**, **Linde**, **Weißbuche** usw.;

2. **Reifholzbäume**, aus **Splint** und **Reifholz** bestehend; hierher gehören **Fichte**, **Tanne**, **Erle**, **Rotbuche**, **Weißdorn** usw.;

---

1) Von **hyperbole** (griechisch) = **Kegelschnitt**, Übertreibung.

3. **Kernholzbäume** mit Splint und dunkel gefärbtem Kern; hierunter zählen Eiche, Roteibe, Kiefer, Zirbel, Lärche, Apfelbaum usw.;

4. **Reifholzkernbäume** mit Splint, Reif- und Kernholz; z. B. Ulme, Pfaffenkäppchen.

Das **Kernholz** ist für die technische Verwertung im allgemeinen das **beste Holz**, so daß es den wertvollsten Teil des Holzkörpers bildet, der von einzelnen Holzarten auch nur allein verarbeitet wird. Der **Splint** ist mit Ausnahme von Esche, Nußbaum und einigen anderen Hölzern, von welchen er sich seiner Biegsamkeit und Zähigkeit wegen für gewisse Zwecke vorzüglich eignet, **vielfach minderwertig**, bei Eiche, Lärche, zum Teil auch Föhre völlig **unbrauchbar und wertlos.** Das Reifholz hält die Mitte.

Splint und Kern grenzen sich meist scharf voneinander ab, doch ist die gegenseitige Breite von Kern und Splint bei den einzelnen Holzarten sehr ungleich. Diese Erscheinung hängt mit dem früheren oder späteren Beginn der Kernbildung zusammen. Sehr schmalen Splint haben Lärche, Eibe, Zirbel; breiteren Eiche, Ulme, Kirsche; sehr breiten Nußbaum, Esche.

Die Färbung des Kernholzes ist sehr verschieden und kann braun, gelb- und rötlichbraun, rot, hell- und dunkelviolett, kirschviolett, glänzend gelbgrün bis selbst tiefschwarz sein. Das Kernholz verschiedener Wacholderarten und anderer zypressenartiger Nadelbäume ist nebst der Verfärbung noch durch **aromatischen Wohlgeruch** ausgezeichnet, was auf verschiedene im Holze enthaltene ätherische Öle zurückzuführen ist.

Auch Splinthölzer erscheinen im Innern zuweilen gebräunt. Doch ist dies fast immer auf eine teilweise Zersetzung des Holzkörpers zurückzuführen, und man bezeichnet einen solchen Kern als „falschen Kern", „Scheinkern". Ein eigentlicher Faulkern ist an der mürben, oft bröckeligen Beschaffenheit des gebräunten Holzes sofort kenntlich.

In der Grundmasse des Holzkörpers von Erle, Birke, Pappel kommen fast regelmäßig kleine eigentümlich braune Fleckchen vor, die auf Längsschnitten als schmale Längsstreifen erscheinen und „Markflecken" genannt werden. Ihre Entstehung ist auf eine Mückenlarve (Agromyza carbonaria Zett.) zurückzuführen, die in das Holz zur Zeit seiner Entstehung aus dem Kambium Gänge gefressen, welche sich nachträglich wieder mit Zellen ausfüllten.

Der Holzkörper der Palmen, Rohre und dgl.

Grundverschieden von dem Bau der Nadel- und Laubhölzer ist der Bau der Palmen, Rohre und dgl. (Monocotyledonen).[1] Jahresringe und Markstrahlen fehlen diesen Holzpflanzen gänzlich, wie auch nicht von Splint und Kern die Rede sein kann. Der Holzkörper besteht vielmehr aus unregelmäßig zwischen dem Grundgewebe zerstreut eingeschobenen Gefäßbündeln, welche mehr oder minder dunkle, scharf abgegrenzte Fleckchen bilden, deren Menge von innen nach außen zunimmt, ihre Größe aber von innen nach außen abnimmt (Abb. 11). Das Wachstum geht bei ihnen nicht vom Kambium aus, welches ebenso wie die Rinde fehlt; vielmehr erfolgt

---

[1] **Monocotyledonen** (griechisch) = Pflanzen mit einlappigem Samen; Einkeimblättler.

2*

das Dickenwachstum bei der überwiegenden Mehrzahl dieser Pflanzen zunächst lediglich in der Keimspitze, worauf nach ihrer Erstarkung nur ein fast ausschließliches Längenwachstum folgt.

Die chemische Zusammensetzung des Holzes und die Verwertung der einzelnen Bestandteile.

An der Zusammensetzung des Holzes beteiligen sich vor allem die Grundstoffe: Kohlenstoff, Wasserstoff, Sauerstoff und Stickstoff; seine sämtlichen Bestandteile lassen sich in folgenden vier Gruppen zusammenfassen: Zellulose, Wasser, besondere organische Stoffe und mineralische Stoffe. Die Mengenverteilung dieser Stoffe in den einzelnen Holzarten ist grundverschieden; selbst in den einzelnen Teilen ein und desselben Baumes kann diese sehr stark wechseln.

Man nimmt an, daß in 1000 Gewichtsteilen Holz durchschnittlich enthalten sind:

bis zu 300 Gewichtsteile Zellulose,
200—600   „   Wasser,
bis zu 80   „   besondere organische Stoffe   und
2 — 50   „   mineralische Stoffe.

1. Zellulose. Der wichtigste Bestandteil des Holzes ist die Zellulose oder der Zellstoff. Sie ist der Hauptbestandteil der pflanzlichen Zellwand und bildet gewissermaßen das Gerüst des Pflanzenkörpers.

Die jüngsten Zellwände jeder Pflanze bestehen aus reiner Zellulose. Im Verlaufe des Wachstums tritt jedoch sehr bald eine Veränderung dahingehend ein, daß durch Bildung von Lignin (Holzstoff) eine Verholzung der Zellwände bewirkt wird. In welcher Weise diese Bildung und Umwandlung vor sich geht, ist vorerst noch Geheimnis der Natur.

Das Lignin kann durch verschiedene Chemikalien gelöst bzw. zerstört werden, während die Zellulose selbst nicht oder nur unmerklich angegriffen wird. Diese Eigenschaft ermöglicht heute die Gewinnung einer chemisch reinen Zellulose.

Die Zellulose, eine Verbindung von Kohlenstoff, Sauerstoff und Wasserstoff (C_6, H_{10}, O_5), ist im reinen Zustande farb-, geruch- und geschmacklos, an der Luft haltbar und unveränderlich. In unreinem Zustande, wie sie im Holze vorkommt, und namentlich bei Gegenwart stickstoffhaltiger Körper sowie von Luft und Feuchtigkeit wird sie leicht verändert; es tritt ein Verwesungsprozeß ein; die Zellulose wird zu einer gelb bis braun gefärbten, mürben, leicht zerreiblichen Masse, dem Moder oder Humus (schwarze Erde in hohlen Bäumen). Verhältnismäßig reine Zellulose findet sich in der Natur nur im Flughaar der Baumwollenfrüchte und im Hollundermark.

Die Zellulose ist in allen gewöhnlichen Lösungsmitteln unlöslich. Sie löst sich eigentlich nur in einer frisch bereiteten amoniakalischen Lösung des Kupferoxydes vollständig und ohne Veränderung auf.

Von der ungemein vielseitigen Verwendung, welche die Zellulose und die aus ihr hergestellten Stoffe in der heutigen Industrie findet, kommt ihrer Verwertung in der Papierfabrikation die größte Bedeutung zu.

Das älteste und bekannteste Verfahren, aus Zellulose Papier herzustellen, ist das im Jahre 1843 von dem Weber Gottlieb Keller zu Krippen in Sachsen erfundene rein mechanische Holzschliffverfahren. Dieser Holzschliff wird dadurch hergestellt, daß das von Rinde, Astknoten und Faulstellen befreite, möglichst frische Holz in ca. 50 cm lange Stücke geschnitten und unter fortwährender Wasserzufuhr durch rotierende Schleifsteine zerfasert wird. Der so erhaltene abfließende Holzbrei wird allmählich ausgepreßt, getrocknet und in Tafeln versandt oder gleich zu Papier verarbeitet. Er liefert jedoch für sich allein kein haltbares Papier und bedient man sich seiner nur für Zeitungspapiere, ganz gewöhnliche Druck- und Einwickelpapiere, also Papiere, die nur für kurze Dauer bestimmt sind, sowie vornehmlich zur Herstellung von Pappe. Als Rohstoff finden von unseren einheimischen Holzarten, hauptsächlich Fichte und Tanne, hin und wieder auch Aspe und Pappel Verwendung. Ein Raummeter trockenen Fichtenholzes von ca. 480 kg ergibt etwa 340—360 kg lufttrockenen Holzschliff.

Der im Jahre 1871 gemachte Versuch, das zu schleifende Holz vorher mehrere Stunden der Wirkung gespannten Dampfes auszusetzen, ergab insofern ein sehr günstiges Resultat, als der nach dem

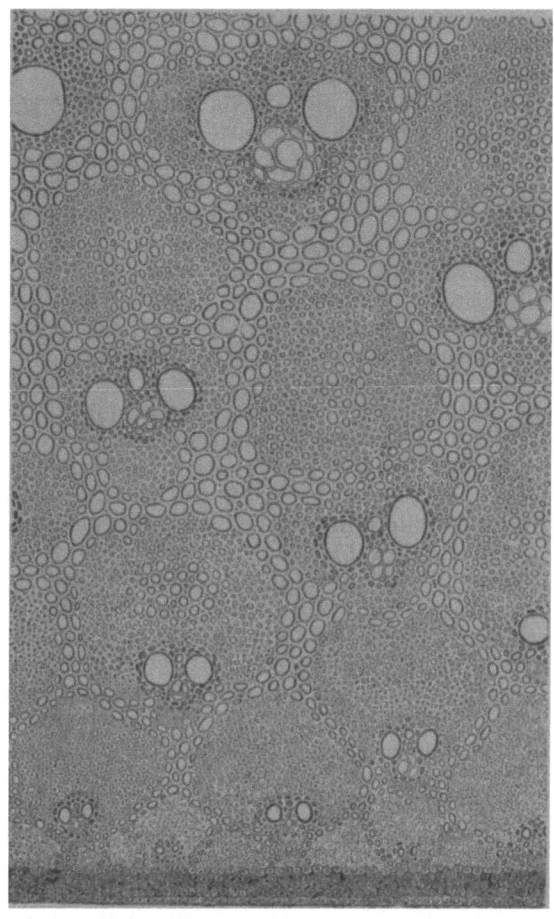

Abb. 11. Querschnitt einer monokotylen Holzpflanze (Bambus). Vergröß. 120fach.
(Aus Großmann, „Die industrielle Verwertung der Holzarten", Bd. IV. „Der Mensch und die Erde".)

Schleifen erhaltene sog. „Braunschliff" ein für Packzwecke, Tüten, Tapeten und dgl. vorzüglich geeignetes, hinreichend festes Papier, das „Braunholzpapier", liefert. In ausgedehntestem Maße wird dieser Braunschliff jedoch zur Herstellung der unzerbrechlichen Holzstoffgefäße, wie Krüge, Wasserschüsseln, Spüleimer, Kübeln und dgl. verwendet.

Bei den neueren Verfahren handelt es sich um die Gewinnung reiner Zellulose aus Holz, welche auch zur Herstellung feiner Papiersorten Verwendung finden kann. Was trotz vieler Versuche auf mechanischem Wege nicht gelingen wollte, gelang schließlich auf chemischem Wege, und lassen sich diese Verfahren je nach der Art der hierbei verwendeten

Chemikalien, vornehmlich in das Natron- und das heute zumeist angewandte Sulfitverfahren einteilen.

Bei der chemischen Zellulosefabrikation wird das entrindete und von Ästen befreite Holz mit einer Schneidemaschine schräg über Hirn in etwa 2 cm starke Scheiben geschnitten, welche zwischen kanellierten Walzen in Splitter zerrissen werden. Diese werden sodann in durchlöcherte Eisentrommeln gefüllt und in einen horizontalen Dampfkessel gefahren, welcher nach der Füllung mit der Kochlösung vollgepumpt wird. Der gesamte Inhalt wird hierauf 3—4 Stunden gekocht. Die nach dem Entleeren des Kessels gewonnene Zellulose wird eventuell noch gebleicht, durch Trockenwalzen geschickt und in Form von dicken Filztafeln in Verkehr gebracht. 400 kg lufttrockenes Holz geben ungefähr 100 kg reine Zellulose.

Während vor dem Kriege die Ablauge der Zellstoffwerke unausgenützt in die Flußläufe geleitet und diese dadurch nicht nur verunreinigt, sondern vielfach alles Leben in denselben abgetötet wurde, wird sie neuerdings auf Alkohol, den sog. „Sulfitspiritus", verarbeitet. Dieser kann für alle technischen Zwecke Verwendung finden.

Eine weitere Neuerung seit der Kriegszeit besteht in der Verarbeitung der Zellulose zu dem sog. „Spinnpapier". Dieses wird aus reinem Zellstoff ohne jedwede Zutat hergestellt und kommt aus den Papierfabriken in die Spinnereien, in welchen es zu Papierfäden versponnen, welche dann wieder in Webereien gleich den Fäden aus Faserstoff zu allen möglichen Stoffen für die unterschiedlichsten Verwendungszwecke verwebt werden.

Aus der Zellulose werden noch eine Reihe von Produkten hergestellt, denen nicht minder große Bedeutung zukommt.

Läßt man auf Zellulose ein Gemisch von starker Schwefel- und Salpetersäure einwirken, so entsteht je nach der Stärke der Salpetersäure Nitrozellulose, Schießbaumwolle, Kollodiumwolle und Pyroxylin.

Eine Lösung von Kollodiumwolle in Alkoholäther gibt Kollodium, ein vortreffliches Klebmittel, das in der Photographie zum Überziehen von Negativplatten sowie als Verbandstoff in der Chirurgie sehr gute Dienste leistet.

Wird Kollodiumwolle mit Kampfer gemischt und dann mit Alkohol gelatiniert, entsteht beim Erwärmen eine weiche, glashelle, durchsichtige Masse, das „Zelluloid" (Zellhorn). Dieses findet ausgedehnte Verwendung als Ersatz für Glasplatten beim Photographieren, vor allem aber zur Herstellung der Films für kinematographische Aufnahmen. Da das Zelluloid des weiteren durch Zumischung von Mineralstoffen und Farben undurchsichtig gemacht und gefärbt werden kann, ist es auch zur Imitation verschiedener Stoffe, wie Horn, Elfenbein, Bernstein, Marmor, Schildpatt u. dgl. vorzüglich geeignet. Wenn auch durch verschiedene Verbesserungen in neuerer Zeit die leichte Entzündbarkeit dieses Stoffes soweit herabgesetzt ist, daß Zelluloidwaren durch Stoß allein oder Reibung nicht mehr entzündlich sind, so ist doch deren ungemein leichte Verbrennbarkeit dadurch nicht aufgehoben.

Dieser letztere Übelstand führte zur Erfindung eines weiteren Ersatzkunststoffes, des „Zellon". Dieses besitzt keine Feuergefährlichkeit, ist biegsam und federnd, läßt sich leicht schneiden und ist gegen Alkohol, Benzin, Wasser, Fett und Seife unempfindlich. Das Zellon hat eine ähnliche Zusammensetzung wie das Zelluloid, enthält aber statt der leicht entflammbaren Nitrozellulose die auch auf anderen Gebieten zu großer Bedeutung gelangte Azetylzellulose. Es besteht deshalb große Aussicht, daß das Zellon durch seine Vorzüge die feuergefährlichen Zelluloidfilme vollständig verdrängt.

Werden Zellstoffasern im Holländer solange fortgesetzt zermalen, bis ein amorpher (gestaltloser) Zellstoffbrei vorhanden, entsteht nach dessen Eintrocknung eine hornartige Masse, das „Zellulith" oder Kunstholz.

Das „Pegamoit"-Kunstleder ist eine Verbindung des Zellstoffes mit verschiedenen Säuren.

Die Verwendung des bereits erwähnten Kollodiums zur Herstellung eines spinnbaren, seidenähnlichen Fadens, der künstlichen vegetabilischen Seide (Kunstseide), hat sich zu einer wahren Weltindustrie entwickelt. Auch hier sind heute verschiedene Verfahren bekannt. Das ganze Prinzip der Kunstseideherstellung besteht im allgemeinen darin, daß man die Zellulose und ihre Umwandlungsprodukte, als Nitrozellulose, Viskose, Azetylzellulose usw., in einer bestimmten Flüssigkeit auflöst, diese Lösung durch sehr feine Düsen treibt und die austretenden sehr dünnen Fäden in einer geeigneten Flüssigkeit zum Erstarren bringt. Diese erstarrten seidenähnlichen Fäden werden dann weiter behandelt, versponnen und verwebt.

Als Rohstoff für Kunstseide dient ausschließlich Fichtenholzzellulose. Die Kunstseide steht der Naturseide an Elastizität und Festigkeit nach, überragt diese jedoch an Glanz. Sie wird deshalb hauptsächlich zu Spitzen, Borten, Bändern, Quasten, als Effektfaden für Kravatten, Möbelstoffe, Vorhänge usw., wie auch, wenngleich in geringerem Maße, zu Kleiderstoffen und Tüchern verwebt.

Ein weiteres Produkt der chemischen Verwertung der Holzzellulose ist die in der chemischen Industrie viel gebrauchte Oxalsäure, welche technisch durch Einwirkung schmelzender Alkalien auf Sägespäne, Holzmehl u. dgl. besonders von Kiefern und Fichten hergestellt wird. Die Oxalsäure findet nebst ihren Salzen (Kleesalz, Zuckersäure usw.) weitgehende Verwendung in der Kattundruckerei, zum Bleichen von Stroh, Beseitigung von Rost- und Tintenflecken u. dgl.

2. **Wasser.** Der Wassergehalt im Holz ist ein sehr verschiedener und hängt von vielerlei Umständen ab. Er schwankt in ungemein weiten Grenzen. So enthält z. B. das frischgefällte ältere Holz bei der Weißbuche ungefähr 18—20 % Wasser, bei der Pappel 50—58 %. Bei längerem Liegen an der frischen Luft verdunstet der größte Teil des Wassers bis auf ca. 15 bis 20 %. Man nennt solches Holz lufttrocken, und ist dies der höchste bei günstiger Witterung im Freien erreichbare Trockenheitsgrad. Setzt man das Holz längere Zeit einer künstlichen Wärmetemperatur von 100—120°C aus, so läßt sich zwar auf solche Weise alles hygroskopische Wasser entfernen, doch ist das Holz in diesem Zustande für technische Zwecke unbrauchbar. Bei einer Wärmetemperatur von 130—150°C geht das Holz bereits in eine Art Zersetzung über.

3. **Besondere organische Stoffe.** Die besonderen organischen Stoffe sind im Holze teils gelöst, teils ungelöst enthalten und verbrennen bei der Verbrennung des Holzes mit; zu ihnen zählen die Eiweißstoffe, Gerbstoffe, Harze, ätherischen Öle, Milchsäfte, Farbstoffe, sowie die Produkte der trocknen Destillation.

Die für das Holz wichtigsten organischen Bestandteile sind die Eiweißstoffe (Proteinkörper), weil sie sehr leicht von Bakterien befallen werden und in Gärung übergehen, dadurch die Verwesung und Zersetzung des Holzes bewerkstelligen, in der Hauptsache den holzschädlichen Insekten ihre Nahrung geben und die Entstehung parasitärer Gewächse begünstigen. Die Widerstandsfähigkeit des Holzes gegen diese leicht verderblichen Stoffe kann nur durch eine richtige Austrocknung, andererseits durch Entfernung dieser Stoffe aus dem Holze (Auslaugen, Ausdämpfen) oder Unschädlichmachung derselben im Holze, durch Konservierung oder Imprägnierung erreicht werden.

Entgegen den Eiweißstoffen wirken die Gerbstoffe, Harze, ätherischen Öle u. a. erhaltend auf das Holz ein.

Für die Industrie sind die Gerbstoffe insofern von Bedeutung, als sich auf ihr Vorkommen in den Rinden einiger Bäume, wie Fichte, junge Eichen u. dgl. die technische Verwertung dieser Rinden in der Gerberei stützt. Der in der Rinde enthaltene Gerbstoff ist wesentlich verschieden von jener Gerbsäure, welche in den Eicheln, Galläpfeln u. dgl. enthalten ist.

Aus den Galläpfeln wird mit Hilfe eines Gemisches von Alkohol und Äther das Tannin und hieraus Galläpfeltinte bereitet. Das Tannin geht durch Kochen mit Kalilauge in Gallussäure über. Beim Erhitzen derselben mit Salzsäure entsteht die giftige Pyrogallussäure, welche heute in der Holzbeizerei, Färberei u. dgl. eine bedeutende Rolle spielt.

Nicht minder großen Wert für die Industrie und Technik besitzen die Harze, ätherischen Öle und Milchsäfte. Sie sind sämtlich komplizierte Stoffgemenge von sehr verschiedener Zusammensetzung, deren Entstehung noch unsicher ist. Die Harze sind unlöslich in Wasser, lösen sich aber in Äther, Alkohol, Schwefelkohlenstoff, sowie in Fetten und ätherischen Ölen. Sie finden sich besonders in tropischen Pflanzen sowie in unseren Nadelhölzern.

Von diesen letzteren liefern Fichte und Kiefer das gewöhnliche Harz, dessen Gewinnung auf mechanischem Wege durch die bekannte Art der Harznutzung in „Lachten" erfolgt.

Das gewöhnliche Kiefern- und Fichtenharz (Terpentin) liefert bei der Destillation mit Wasserdampf Terpentinöl, wobei als Rückstand Kolophonium oder Geigenharz hinterbleibt. Wird Harz trocken destilliert, d. h. bei möglichstem Luftabschluß erhitzt, so erhält man Harzgas und Harzöle, aus welchen wieder je nach dem Grade der Destillation Harzsprit, Schmieröle, Wagenfett, Firnisse, Druckerschwärze, medizinische Salben, Parfümerieartikel u. dgl. hergestellt werden, während der Rückstand als Schmiede-, Schuster-, Bürsten- und Schiffspech Verwendung findet.

Durch Aufstechen der angeschwollenen Rindenharzbeulen an unserer Weißtanne erhält man den Straßburger Terpentin, während die Lärche den in den Apotheken und der Lackfabrikation vielseitig verwendeten venezianischen Terpentin liefert.

Zu den Harzen gehört auch der Bernstein, welcher sich in den tertiären Formationen der Ostseeprovinzen in reichlicher Menge vorfindet und als Produkt längst verschwundener Nadelhölzer zu betrachten ist.

Das gleiche gilt auch vom Kopal. Unter dem Sammelnamen Kopale versteht man verschiedene schwer schmelzbare bernsteinähnliche Baumharze, die nach den verschiedenen Verschiffungsplätzen unterschieden und benannt werden, so z. B. Sansibarkopal, Mosambikkopal, Manilakopal, Brasilkopal, Kaurikopal u. a. Sie kommen zum Teil von heute noch lebenden bekannten Bäumen Südamerikas, Indiens und Neuseelands, zum größten Teil aber sind sie fossil, d. h. sie stammen von unbekannten vorweltlichen Bäumen und werden in den Ablagerungen der Flüsse an der Ost- und Westküste Afrikas in rundlich abgeschliffenen Stücken gefunden, wie auch aus der Erde gegraben. Die Kopale finden zu den feinsten Lacken, den Kopallacken, welche wegen ihrer Härte und Unverwüstlichkeit hoch geschätzt werden, Verwendung.

Weitere Bäume der Tropengegenden liefern uns die so wichtigen Harze, wie Dammar, Mastix, Sandarak, Drachenblut u. a., welche zur Bereitung von Lacken, Möbelpolituren, Siegellack, zur Herstellung von Pflastern, Salben u. dgl. weitestgehende Verwendung finden.

Das meist verwendete ausländische Harz ist der Gummilack, aus welchem der allseits bekannte Schellack gewonnen wird. Der Gummilack ist nach den neuesten Untersuchungen kein Pflanzenharz, für das er stets gehalten, sondern ein tierisches Produkt, und zwar die harzige, zähflüssige Absonderung der Lackschildlaus — Coccus lacca —. Sobald dieses Insekt die jungen saftigen Triebe verschiedener indischer Bäume ansticht, tritt unmittelbar darauf auch die Ausscheidung in Tätigkeit und umhüllt das Tier mit einer oft einige Millimeter dicken Harzkruste, welche nach dem Verlassen seitens der jungen Brut samt den Zweigen gebrochen und unter dem Namen „Stocklack", „Stangenlack" einen wertvollen Handelsartikel bildet.

Dieser Stocklack, welcher braunrote dicke Röhrchen oder Bruchstücke hiervon bildet, wird zu kleinen Körnern gestoßen, durch eine schwache Lauge etwas gereinigt und führt dann den Namen „Körnerlack". Zumeist aber wird der Stocklack schon im Mutterlande auf seine beiden technisch wichtigen Produkte, den Farbstoff Lac-dye oder Lack-lack und den Schellack verarbeitet. Der gewonnene Schellack bildet dann dünne, heller oder dunkler glänzende Blättchen, den sog. Blätter- oder Blattschellack, von welchem man wieder den Rubin-, Orange- und Lemmonschellack unterscheidet; oder er kommt in Form kleiner Tafeln oder Kuchen als Knopf- oder Kuchenschellack in den Handel. Wird dem Schellack außer dem genannten Farbstoff Lac-dye auch noch ein in geringerer Menge vorkommendes wachsartiges Harz entzogen, so führt er den Namen „Raffinierter Schellack". Durch Bleichen des gewöhnlichen blonden Schellack erhält man den gebleichten oder weißen Schellack. Der Schellack ist zur Bereitung der Schreinerpolitur (Möbelpolitur) der wichtigste Bestandteil, für welchen trotz einer Menge sich im Handel befindlicher Ersatzstoffe ein vollwertiger Ersatz noch nicht gefunden wurde. Es ist leicht erklärlich, daß bei den heutigen hohen Schellackpreisen nicht nur eine Menge Ersatzstoffe existieren, sondern auch der echte Schellack mit billigeren Harzen, meist Kolophonium u. dgl. in weitgehendster Weise verfälscht wird. Leider sind von diesen Verfälschungen nur wenige mit einfachen Mitteln nachzuweisen. Weitestgehende Verwendung finden die ätherischen Öle, wie Zitronenholzöl, Wacholderholzöl, Zimtöl (Cassiaöl) in der Likör-, Parfümerie- und Seifenfabrikation. Das gemeinschaftliche hervorstechendste Merkmal aller ätherischen Öle ist ein eigentümlicher (spezifischer) Geruch.

Aus dem feinen dichten Holze der Latsche oder Legföhre wird das besonders in Bayern und Tirol als altes Heilmittel beliebte Latschenkiefernöl gewonnen. Durch Einschnitte in den Stamm der Balsamtanne — Abies balsamea und B. fraseri — gewinnt man einen terpentinähnlichen Balsam, den Kanadabalsam, welcher sich besonders durch seine starke Lichtbrechung auszeichnet und daher zum Einbetten mikroskopischer Präparate, wie auch zum Zusammenkitten von Glaslinsen vorteilhafte Verwendung findet.

Den ätherischen Ölen nahe verwandt ist der Kampfer, eine Kohlenwasserstoffverbindung von zäher kristallinischer Beschaffenheit und eigenartigem Geschmack und Geruch, welcher jedoch bei gewöhnlicher Temperatur verflüchtigt. In letzter Zeit ist es der Chemie gelungen, den sog. synthetischen[1]) Kampfer künstlich aus dem Terpentinöl herzustellen, wodurch die deutsche Industrie unabhängig von dem japanischen Kampfermonopol wurde. Verschiedene Holzgewächse enthalten Milchsäfte, von denen der Kautschuk und der kautschukähnliche Stoff Guttapercha am wertvollsten sind. Die charakteristische Eigenschaft des Kautschuk ist seine Elastizität, die jedoch in der Wärme verloren geht. Wertvoll wird Kautschuk erst, wenn man ihm Schwefel einverleibt, wodurch der vulkanisierte Kautschuk entsteht. Dieser bewahrt bei gewöhnlichen Kälte- und Wärmetemperaturen seine Elastizität und ist unveränderlich. Wird Kautschuk bis zu $50^0/_0$ seines Gewichtes mit Schwefel gemischt und außerdem noch andere Füllstoffe beigemengt, erhält man den bekannten Hartgummi.

Im Gegensatz zum Kautschuk ist die Guttapercha bei gewöhnlicher Temperatur zähe und elastisch, kann aber durch Zusatz von Schwefel genau wie Kautschuk vulkanisiert werden.

Auch hier ist es der Chemie bereits gelungen, den Kautschuk künstlich herzustellen, wenngleich diese Erfindung noch nicht so weit gediehen ist, daß sie gewinnbringend im Großen durchgeführt werden kann.

Trotz der vielen und billigen Teerfarben haben heute die in den Blau-, Rot- und Gelbhölzern enthaltenen Farbstoffe für die Industrie immer noch Bedeutung. Den in eigenen Farbholzraspeleien oder Farbholzmühlen zerkleinerten Spänen wird der Farbstoff durch Auskochen entzogen; durch Verdampfen des Auszuges erhält man dann die Farbholzextrakte.

Ausgedehnte Verwendung zum Schwarzbeizen des Holzes sowie in der Färberei findet das im frischen Schnitt leuchtend blutrot gefärbte Blauholz, welches nach seiner Hauptausfuhrstätte, der Kampeschebai des Golfes von Mexiko auch als Kampescheholz bezeichnet wird. Das Farbvermögen dieses Holzes beruht auf dem in ihm enthaltenen, an sich farblosen „Hämatoxylin", das durch Oxydation[2]) außerordentlich leicht in den eigentlichen Farbstoff „Hämatein" übergeht.

Geringere Bedeutung besitzen die Farbstoffe der Rothölzer „Brasilin" und „Santalin", wie auch der aus dem Färbermaulbeerbaume, welcher auch als echtes Gelbholz oder echter alter Fustik bezeichnet wird, gewonnene gelbe Farbstoff „Morin".

Die verschiedenen oft herrlichen Verfärbungen mehrerer tropischer Hölzer sind keineswegs alle, ja sogar die wenigsten, auf Farbstoffe zurückzuführen. Die Entstehung dieser Verfärbungen, ihre chemische Zusammensetzung und ihre Eigenschaften sind noch völlig unbekannt. Als Farbhölzer im eigentlichen Sinne können nur diejenigen gelten, bei welchen die Farbstoffe als

---

1) synthetisch = zusammensetzend; Synthese = Zusammensetzung eines Stoffes aus seinen Bestandteilen. In der Chemie versteht man unter Synthese die Darstellung chemischer Verbindungen aus Elementen.

2) Oxydation = chemischer Prozeß bei der Verbindung eines Körpers mit Sauerstoff.

solche aus dem Holze entfernt werden können und dann andere Stoffe zu färben vermögen.

Von größter Bedeutung für die Industrie sind des weiteren die Produkte der trockenen Destillation des Holzes, zu welcher sowohl Nadel- wie Laubhölzer Verwendung finden. Die trockene Destillation oder die Verkohlung des Holzes geschieht entweder in Meilern oder in guß- oder schmiedeeisernen, gemauerten oder Chamotte-Retorten (Destilliergefäße). Bei der Verkohlung in Meilern bildet die Holzkohle das Hauptprodukt. Die übrigen Produkte werden in der Regel nicht benutzt. Umgekehrt aber bezweckt die Verkohlung in geschlossenen Behältern die Gewinnung von Holzessig und Holzteer, während die zurückbleibende Holzkohle ein Nebenprodukt bildet.

Bei der trockenen Destillation scheidet sich als erstes Produkt eine wässerige stark riechende Flüssigkeit, der Holzessig, aus dem Holze ab. Dieser besteht zum größten Teil aus Essigsäure, wird gleich an gelöschten Kalk gebunden und so in essigsauren Kalk verwandelt, der beim Erhitzen den im Handel befindlichen Graukalk liefert. Den Graukalk zersetzt man durch Schwefelsäure und gewinnt durch Destillation reine Essigsäure, aus welcher Essigessenz und aus dieser durch weitere Verdünnung unser Speiseessig gewonnen wird. Zur Darstellung von Holzessig eignet sich am besten gut ausgetrocknetes Buchenholz. Nach der Bindung des Holzessigs an Kalk erhält man gleichzeitig als Nebenprodukt rohen Methylalkohol oder gewöhnlichen Holzgeist und Azeton oder Essiggeist. Der Methylalkohol, welcher in reiner Form als Verdünnungsmittel und in der Teerfarbenindustrie eine wichtige Rolle spielt, ist ein heftiges Gift, das Erblinden und Tod verursacht. Das Azeton dient als Lösungsmittel für Harze, zur Bereitung des rauchschwachen Pulvers sowie zur Herstellung von Chloroform. Durch Oxydation von Methylalkohol entsteht das Formaldehyd, Formalin oder Formol, ein ausgezeichnetes Desinfektionsmittel.

Bei der Holzessigfabrikation wie auch bei der Holzkohlenbereitung gewinnt man weiter eine dickflüssige Masse, den Holzteer. Dieser wird schon im rohen Zustande zum Teeren der Taue und in ausgedehntem Maße zur Konservierung des Holzes durch Imprägnierung benutzt. Die wichtigsten Produkte des Holzteeröles sind die der Karbolsäure verwandten Kresole.

Bei der Destillation gibt der Holzteer zuerst leichte, dann schwere Teeröle, während der Rückstand zu einer schwarzen Masse, dem sog. Schusterpech, erstarrt, aber auch als Schiffspech sowie als Dichtungsmittel für Holzpflaster Verwendung findet.

Der Birkenholzteer dient zur Bereitung des Juchtenleders sowie auch als Wagenschmiere. Aus dem schweren Buchenholzteeröl wird das wertvolle Kreosot abdestilliert. Der Holzteer liefert als weiteres Produkt auch etwas Paraffin, welches jedoch in größerer Menge aus Braunkohlenteer gewonnen wird.

Verbrennt Teer bei ungenügendem Luftzutritt, so scheidet sich Kohlenstoff in Form von Ruß ab, der zur Herstellung schöner schwarzer Farben, Zeichentusche u. dgl. Verwendung findet. Bei sehr starker Erhitzung entweicht bei der Verkohlung des Holzes in Retorten ein Gas, welches als Leuchtgas, im großen in Glasfabriken verbraucht wird. Bei der trockenen Destillation wird das Holz zerstört, die flüchtigen Produkte gehen ab, während als Rückstand fast reiner Kohlenstoff, die Holzkohle, verbleibt.

Eine neuere Erfindung ist die Gewinnung von gärungsfähigem Zucker aus Zellulose, um daraus durch Gärung und Destillation Alkohol zu erzeugen. Zu diesem Zwecke wird Sägemehl bei einem Dampfdruck von 7—8 Atmosphären unter Einwirkung von verdünnten Säuren in Zucker umgewandelt, die Masse nach Neutralisation ausgelaugt, vergoren und der Alkohol in üblicher Weise abdestilliert.

4. Mineralische Stoffe. Jede Pflanze müßte zugrunde gehen, wenn ihren Wurzeln nicht bestimmte mineralische Stoffe zur Aufnahme zugeführt würden. Diese unorganischen Bestandteile bleiben bei der Verbrennung des Holzes als Asche zurück. Die Menge des Rückstandes ist im Verhältnis zum Gewicht des Holzes verschwindend klein. Der Aschengehalt ist am stärksten in den Wurzeln und in der Rinde, während er im Stammholz selbst selten über $1^0/_0$ steigt. Zu den aschereichsten Hölzern zählen Ebenholz mit $3—4^0/_0$, und Veilchenholz mit $2—2,6^0/_0$ Aschengehalt.

Der wichtigste Bestandteil der Holzasche ist das kohlensaure Kali oder die Pottasche. Der größere Gehalt an mineralischen Stoffen, z. B. Kieselsäure, macht einige wenige Hölzer schwer verbrennlich. Solche Hölzer, wie z. B. das Bruyère-Maserholz mit $1,81^0/_0$ Kieselsäuregehalt, eignen sich besonders zur Herstellung von Pfeifenköpfen.

II. Allgemeine, physikalische, mechanisch-technische und Arbeitseigenschaften des Holzes.

Die Gebrauchsfähigkeit einer Holzart für einen technischen Zweck wird durch die Eigenschaften bestimmt, welche das betreffende Holz besitzt. Da nun sowohl die Anforderungen, welche bei der technischen Verwertung an das Holz gestellt werden müssen, unterschiedlich sind, andererseits die einzelnen Holzarten auch wieder unterschiedliche Eigenschaften besitzen, läßt jede einheimische wie ausländische Holzart eine Verwertung für irgendeinen technischen Zweck zu. Die genaue Kenntnis der Eigenschaften der einzelnen Holzarten ist daher für jeden Holzarbeiter, Techniker u. dgl. eine unerläßliche Vorbedingung.

Farbe. Zur Erkennung der einzelnen Holzarten, sowie zur Beurteilung der Güte des Holzes ist die Farbe einer der wichtigsten Anhaltspunkte. Jeder Holzart ist eine bestimmte Farbe eigen, doch wechselt diese immerhin in ziemlich weiten Grenzen, da Alter, Boden und Klima einen entscheidenden Einfluß ausüben. So ist z. B. das Holz von älteren Bäumen stets dunkler als das von jüngeren derselben Art; ebenso wird ein auf gutem, kräftigem Boden gewachsenes Holz immer eine lebhaftere und frischere Farbe zeigen als ein auf schlechtem oder nassem Grunde gestandenes. Wie bereits erwähnt, ist ja auch die Farbe an einem und demselben Stamme oft ganz ungleich. So ist das Kernholz gewöhnlich dunkler als das Reifholz und dieses wieder dunkler als das Splintholz; beim Ebenholz ist z. B. der Splint weiß, während der Kern dunkelbraun oder sogar tiefschwarz ist. Die Farbe des Splintholzes ist gewöhnlich weiß oder gelblich, bei manchen Holzarten auch rötlich oder grünlich. Das Kernholz hat meist eine bestimmte, ausgesprochene Farbe; diese kann gelb, weiß, rot, rotbraun, braun, violett, schwarz, ja selbst grünlich sein. Die Kernfarbe ist zur Beurteilung der Güte eines Holzes von Wichtigkeit; je dunkler z. B. das Lärchenholz ist, desto größer ist seine Dauer und Festigkeit. Eine gleichmäßige, lebhafte Färbung entspricht einer guten

Qualität des Holzes; matte, unausgesprochene Farben sind Zeichen einer geringwertigen Sorte, Flecken u. dgl. Zeichen einer beginnenden Zersetzung oder bereits vorhandener Krankheiten.

Geruch. Zur Beurteilung der Gesundheit des Holzes dient auch dessen Geruch, und zeigen die Hölzer hierin eine wesentliche Verschiedenheit. So haben z. B. die meisten Nadelhölzer einen ausgesprochenen Harzgeruch, frisches Eichenholz einen Gerbsäuregeruch. Ein frischer, kräftiger, aber nicht unangenehmer Geruch des Holzes deutet immer auf Gesundheit hin; krankhaftes oder faules Holz riecht fast stets mehr oder weniger übel oder muffig.

Zeichnung oder Textur. Der Farbe an Bedeutung fast gleich kommt die Zeichnung oder Textur des Holzes. Sie hat nur in der Möbelindustrie und im Kunstgewerbe eine Bedeutung, während sie für das Baufach bedeutungslos ist. Bei manchen Holzarten kann die Textur des Holzes durch besonderen Schnitt (Tangentialschnitt) wesentlich beeinflußt werden, andererseits kann sie aber durch natürliche Umstände, wie Astbildungen, welliger Wuchs, Maserbildungen u. dgl. vorteilhaft in die Erscheinung treten. Diese Umstände machen es auch erklärlich, daß beispielsweise ein Stamm einer Holzart für Bauzwecke völlig unbrauchbar, für Möbelzwecke aber vorzüglich geeignet sein kann und oft sehr teuer bezahlt wird.

Feinheit. Die Feinheit des Holzes ist nicht nur für Kunstschreinerarbeiten, sondern vor allem für den Xylographen (Holzschneider, Formenstecher) sowie für feinere Holzbildhauer- und Drechslerarbeiten von höchstem Wert. Sie wird bedingt durch einen durchaus gleichmäßigen anatomischen Bau, wobei im Jahresring Zellengröße und Markstrahlen mit freiem Auge keinerlei Einzelheiten des Baues oder höchstens nur Andeutungen des Ringbaues, wahrzunehmen sind. Solche Holzarten sind Ebenholz, Buchsbaum, Birnbaum, Elsbeerbaum, Ahorn u. a. Im Gegensatz hierzu wird ein Holz mit großen Gefäßen (Poren), wie sie bei Eiche, Ulme, Edelkastanie usw. vorkommen, oder ein solches mit weitringigen scharf abgegrenzten Jahresringen, wie dies oft bei der Tanne der Fall ist, als **grob** bezeichnet.

Schall. Auch der Schall gibt uns Aufklärung über die Güte des Holzes. Ist der Klang bei einem am Stamme geführten Schlage hohl oder dumpf, so kann man auf faules oder anderweitig krankes Holz im Innern des Stammes schließen. Stärke und Art des Schalles hängt auch von dem Klima und den Bodenverhältnissen ab; ein Beleg hierfür ist das Resonanzholz, das in vorzüglicher Qualität nur in ganz bestimmten Gegenden gedeiht (Böhmerwald, bayerischer Wald, Voralpen). Trockenes Holz leitet den Schall besser als nasses.

Härte. Man unterscheidet bekanntlich hartes und weiches Holz. Doch ist eine genaue Abgrenzung dieser Begriffsbestimmungen unmöglich, da die Hölzer eben unzählige Abstufungen der Härte darbieten. Die härtesten Hölzer finden wir unter denen der heißen Zone. Wie die Farbe, so kann auch die Härte an verschiedenen Stellen ein und desselben Baumes oft erheblich abweichen. So pflegt Kernholz härter als Splint, ebenso das Holz älterer Bäume härter als das von jüngeren derselben Art zu sein. Ja, selbst in ein und demselben Jahresring ist bei vielen Holzarten die Härte ungleich, indem Herbstholz stets härter als Frühjahrsholz ist.

Man kann nun unterscheiden:

Sehr harte Hölzer wie: Pockholz, Ebenholz; von einheimischen Arten: Buchsbaum, Weißbuche, Hartriegel, Apfelbaum.

Harte Hölzer wie: Eiche, Esche, Ulme, Birnbaum, Rotbuche, Ahorn, Nußbaum, Kirsche.

Weiche Hölzer wie: Birke, Erle, Kiefer, Fichte, Tanne.

Sehr weiche Hölzer wie: Linde, Pappel, Zirbelkiefer; doch gibt es in diesen vier Graden wieder viele Abstufungen.

Die Schwere des Holzes (das spezifische Gewicht). Das Gewicht des Holzes hängt im allgemeinen vom anatomischen Bau ab; es ist auch bei einer Holzart nicht in allen Teilen des Baumes gleich; es steigt und fällt aber mit der Güte des Holzes. Hölzer, welche viel Frühjahrsholz anlegen, sind daher auch in der Regel leichter als solche, bei denen das Spätholz überwiegt. Auch Lage, Klima und Boden haben auf die Schwere großen Einfluß. Heiße Länder erzeugen im allgemeinen die trockenschwersten Hölzer. Ebenso wächst in südlicher, sonniger Lage meist schwereres Holz als in nördlicher, schattiger. Moorboden und schwammiger Sandboden erzeugen leichtes Laub- und Nadelholz. Höheres Gewicht ist in der Regel den harten Hölzern eigen.

Das spezifische Gewicht gibt an, wie oft mal so schwer ein Kubikdezimeter Holz ist als ein Kubikdezimeter Wasser. Hölzer mit einem spezifischen Gewicht über 1,00 sinken deshalb im Wasser unter, mit einem spezifischen Gewicht unter 1,00 schwimmen sie.

Die Holzfaser an sich hat ungefähr ein spezifisches Gewicht von 1,5 (d. h. 1 cdm reiner Holzfaser wiegt 1,5 kg), ist somit $1\frac{1}{2}$ mal so schwer als Wasser. Wäre der ganze Holzkörper nur aus reiner Zellulose zusammengesetzt, müßte jedes Holz im Wasser untersinken. Da aber der Zellenbau des Holzes zahllose luftführende, abgeschlossene Räume enthält, ist trotz des hohen spezifischen Gewichts der reinen Holzfaser das spezifische Gewicht des Holzes ein so niedriges, daß alle europäischen Hölzer im lufttrockenem Zustande leichter als Wasser sind.

Für die Bestimmung des spezifischen Gewichtes eines Holzes sind im allgemeinen zwei Hauptpunkte maßgebend, und zwar das für eine bestimmte Holzart sich im allgemeinen nicht wesentlich veränderte Gewicht der eigentlichen Holzmasse und der im lebenden Baum stets schwankende Wassergehalt, der auch durch Trocknen nur zum Teil beseitigt werden kann. Im frischgefällten Zustande sind deshalb alle Holzarten durch den höheren Wassergehalt bedeutend schwerer als nach der Austrocknung. Man hat daher bei der Bestimmung des Gewichtes eines Holzes zwischen dem Grüngewicht des frischgefällten Holzes und dem Lufttrockengewicht zu unterscheiden. Für gewöhnlich wird in der Praxis nur das Lufttrockengewicht in Betracht gezogen.

Das im Vergleich zu den technisch wichtigen Metallen sehr geringe spezifische Gewicht des Holzes kommt zur Geltung bei großen weittragenden Balkenlagen, Dachstuhlkonstruktionen u. dgl.; es schwankt von 1,39 beim Schlangen- und Pockholz bis ungefähr 0,24 bei der Paulownia und auf ungefähr 0,14—0,16 bei dem in neuerer Zeit erst vereinzelt im Handel erschienenen Balsaholz. Von den einheimischen Hölzern ist das der Linde in lufttrockenem Zustande mit 0,46 wohl das leichteste; das schwerste ist das des Buchsbaums mit 0,97. Das Holz unserer Nadelbäume schankt im allgemeinen zwischen 0,47—0,60.

Zieht man nach diesen Zahlen einen Vergleich zwischen dem schwersten Holze mit 1,39 und dem leichtesten Metall, dem Aluminium, mit dem spezifischen Gewicht von 2,6—2,7, so ergibt sich, daß das leichteste Metall fast doppelt so schwer ist, als das schwerste Holz.

Tabelle über das spezifische Gewicht der gebräuchlichsten Holzarten.

Benennung	Nach Karmasch		Benennung	Nach Karmasch	
	frisch vom Stamm	luft-trocken		frisch vom Stamm	luft-trocken
	m³ in kg¹)			m³ in kg¹)	
Ahorn	940	670	Kirsche	850	675
Akazie	875	715	Königsholz	—	1024
Apfelbaum.	1105	750	Lärche.	760	620
Berberize	1110	815	Linde	729	462
Birke	945	640	Mahagoni	—	811
Birnbaum	1015	689	Nußbaum	915	730
Buchsbaum	1230	971	Palisander	—	908
Ebenholz	—	1259	Pappel.	855	472
Eibe.	1035	840	Pflaume	1020	790
Eiche	1075	780	Rotbuche	986	721
Eisenholz	—	1212	Tanne.	1000	558
Erle	810	550	Ulme	955	690
Esche	920	740	Wacholder.	1100	500
Fichte	735	475	Weide.	820	577
Föhre	729	536	Weißbuche	1085	722
Grenadillholz . . .	—	973			

Spaltbarkeit. Von der Spaltbarkeit des Holzes wird Vorteil gezogen bei der Herstellung von Faßdauben, Bootsrudern, Schindeln, Wagnerhölzern u. dgl. Die Größe der Spaltbarkeit ist bei den verschiedenen Holzarten, ja selbst bei Hölzern derselben Art nicht immer gleich und hängt vom geraden oder verschlungenen Verlauf der Holzfaser sowie von der Härte und Trockenheit des Holzes ab. Frisches Holz spaltet sich in der Regel leichter als trockenes; die Zerteilung in der Richtung der Markstrahlen geht leichter vor sich, als senkrecht auf sie; ebenso spaltet sich gesundes Holz leichter als krankes. Einzelne Holzarten, z. B. die Nadelhölzer, von den Laubhölzern Pappel, Weide, Eiche, Rotbuche spalten sich leicht; andere z. B. Ahorn, Birke, Birne, Esche, Ulme usw. sind schwer, manche sogar äußerst schwerspaltig, z. B. Buchsbaum, Roteibe, Eberesche, während viele ausländische Hölzer, wie Ebenholz, Pockholz usw. überhaupt nicht zu spalten sind.

Während die Spaltbarkeit zur Herstellung einer Reihe von Halbfabrikaten, als Wagnerhölzer, Faßdauben usw. eine unerläßliche Vorbedingung ist, bildet sie andererseits für den Schreiner eine höchst unliebsame Erscheinung insofern, als sie die Ursache des „Einreißens des Holzes unter dem Hobel" ist.

Biegsamkeit und Zähigkeit. Die Eigenschaft des Holzes, durch Einwirkung äußerer Kräfte eine andere Form anzunehmen, ohne damit den Zusammenhang zu verlieren (Biegsamkeit), hat in der heutigen Industrie eine vielseitige Verwendung bei gebogenen Möbeln, Faßdauben, Radfelgen, Schiffbauhölzern usw. gefunden. Sie hängt natürlich vom Alter und Wuchs des Holzes sowie von dem Feuchtigkeitsgehalt ab; auch die Biegsamkeit ist bei den verschiedenen Holzarten sehr verschieden. Am biegsamsten ist junges,

---

1) In der Werkstattpraxis rechnet man stets mit dem Gewicht eines cbm (m³). Das spezifische Gewicht wäre demnach bei Ahorn 0,94, bei Akazie 0,875 usw.

frisch gefälltes, wasserreiches Holz; ebenso ist Wurzel- und Stockholz stets biegsamer als Stammholz, insbesondere als solches vom oberen Teile. Ein äußerst biegsames Holz wird auch „zähe" genannt. Die Zähigkeit in diesem Sinne ist nur ein höherer Grad der Biegsamkeit. Umgekehrt bezeichnet man ein Holz mit geringerer Biegsamkeit als „spröde oder brüchig".

Die Biegsamkeit und Zähigkeit kann durch Wärme und Feuchtigkeit erhöht werden (Dämpfen des Holzes). In gefrorenem Zustande ist selbst das biegsamste und zäheste Holz spröde; deshalb sollten die Bäume bei großem Froste nicht gefällt werden. Sehr biegsames und zähes Holz liefern Esche, Ulme, Buche, Hasel, Nußbaumsplint usw.; besonders zähe sind die jungen Schößlinge der Birken und Weiden, auch junge Tannen und Fichten, z. B. zu Bindwieden für Floßhölzer.

In der Praxis wird unter Zähigkeit auch vielfach die Eigenschaft des Holzes verstanden, plötzlich einwirkenden starken Beanspruchungen, wie sie durch Stoß, Druckwirkungen u. dgl. z. B. bei den Speichen und Felgen von Wagenrädern, Hammer- und Axtstielen, Zahnradkämmen u. dgl. eintreten können, mehr oder minder gut zu widerstehen.

Elastizität. Die Eigenschaft des Holzes, kraft welcher es die ihm durch kurzzeitige Einwirkung äußerer Kräfte aufgedrungene Gestalt nach Aufhören dieser Kräfte wieder ändert und die ursprüngliche Form annimmt, wird mit Elastizität oder Federkraft bezeichnet. Die Grenze, bis zu welcher die Formänderung ausgedehnt werden kann, ohne einen bleibenden Eindruck zu hinterlassen, nennt man die Elastizitäts- oder Federkraftgrenze.

Wird auf ein Holz eine Kraft ausgeübt, welche noch innerhalb der Elastizitätsgrenze liegt, so wird sich das Holz biegen, nach Aufhören der Kraft aber wieder in seine frühere Gestalt zurückkehren; geht die Kraft über die Elastizitätsgrenze, so wird sich das Holz erst biegen, nach Aufhören der Kraft aber nicht mehr ganz in seine alte Gestalt zurückkehren; es hat schon im Faserbestande Schaden genommen; wird die Kraft noch größer, so tritt endlich Bruch ein. Bei Baukonstruktionen soll die vorgeschriebene Elastizitätsgrenze niemals überschritten werden.

Die Elastizität wird als Begleiterscheinung der Biegsamkeit häufig mit dieser verwechselt, was jedoch unrichtig ist. Es kann beispielsweise ein Holz wie Nußbaumsplint sehr biegsam, sogar zähe, aber durchaus nicht elastisch sein; andererseits besitzt z. B. Ebenholz wohl Elastizität, durchaus aber keine Biegsamkeit, muß im Grunde genommen sogar als spröde bezeichnet werden.

Während Biegsamkeit und Zähigkeit durch Feuchtigkeit erhöht werden können, tritt bei der Elastizität eine Erhöhung durch Trockenheit ein. Je trockener daher ein Holz, desto größer ist seine Elastizität, desto geringer aber seine Biegsamkeit. Von unseren einheimischen Holzarten besitzt die Roteibe die größte Elastizität.

Festigkeit. Die wichtigste aller physikalischen Eigenschaften ist unstreitig die Festigkeit. Man versteht darunter den Widerstand, den das Holz dem Zerreißen, Zerdrücken, Durchbiegen, Abbrechen, Abscheren und Abdrehen entgegensetzt, und werden die verschiedenen Holzarten je nach dem Grade dieser Widerstände und der Art der Inanspruchnahme in feste und minderfeste eingeteilt.

Die Festigkeit ist auch nicht in allen Teilen des Baumes gleich; so ist z. B. Kernholz fester als Splintholz und Stammholz, selbst vom Splint, wieder fester als Astholz. Selbst bei ein und derselben Holzart und den gleichen

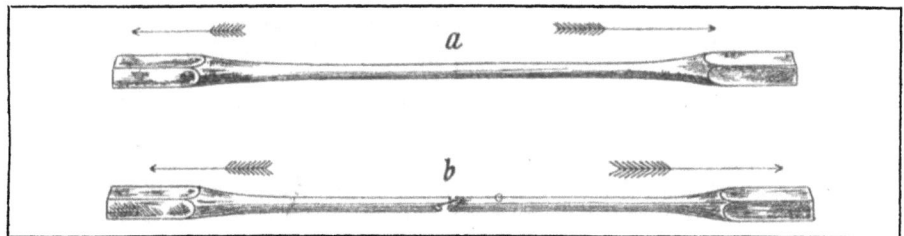

Abb. 12a, b. Schematische Darstellung der Zugfestigkeit.
Pfeilrichtung der Kraftwirkung.

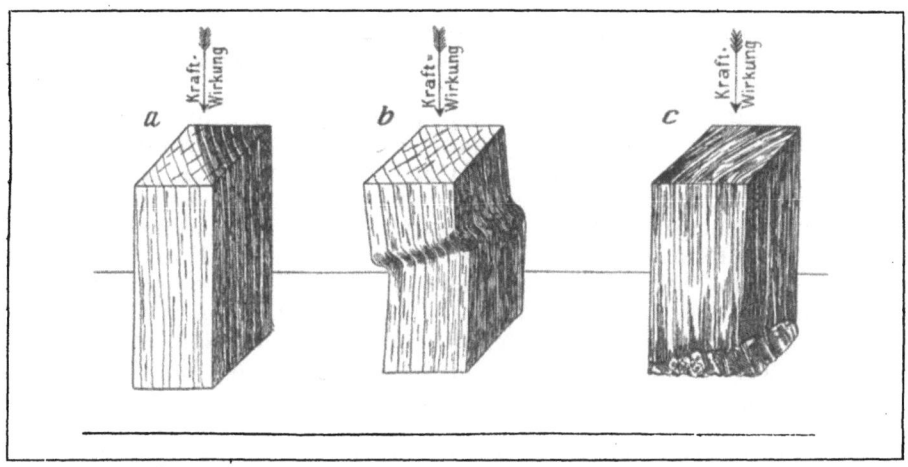

Abb. 13a, b, c. Schematische Darstellung der Druckfestigkeit auf die Längsfaser.
Abb. a, c = Druckwirkung bei Nadelhölzern; Abb. b = Druckwirkung bei Laubhölzern.

Teilen des Baumes kann die Festigkeit sehr verschieden sein, da Alter und Wuchs des Baumes sowie Standort und Klima hierauf großen Einfluß haben. Lufttrockenes Holz ist durchschnittlich fester als frisches oder künstlich zu stark getrocknetes.

Je nach der Art wie die Kräfte auf das Holz einwirken, unterscheidet man:

1. Zugfestigkeit oder absolute Festigkeit. Man versteht darunter den Widerstand, den das Holz der Trennung seiner Fasern nach der Längsrichtung durch Zerreißen entgegensetzt (Abb. 12a, b; 23, 24, 25).

Nach den Erfahrungen der Praxis ist die Zugfestigkeit des Holzes die größte aller Festigkeitsarten.

Aus dem Aufbau des Holzes ergibt sich, daß schlichtes, geradfaseriges Holz zur Inanspruchnahme auf Zug das bestgeeignetste ist, während Äste, wimmeriger und Maserwuchs die Zugfestigkeit um ein Bedeutendes herabsetzen können. Nach der Markstrahlenrichtung — also über Querholz — kann ein Holz niemals auf Zug in Anspruch genommen werden.

2. Druckfestigkeit, Säulenfestigkeit oder rückwirkende Festigkeit. Das ist der Widerstand, den das Holz dem Ineinanderdrücken seiner Fasern entgegensetzt (Abb. 13a, b, c; 14a, b; 22, 24, 25).

Sie findet Anwendung bei freistehenden Säulen, Gerüsten, Gruben- und Brückenhölzern u. a. und ist bedeutend kleiner als die Zugfestigkeit. Zu unterscheiden ist hierbei, ob die Kraft senkrecht auf die Längsfaser oder auf die horizontal liegende Faser (Querdruckfestigkeit) wirkt (Abb. 14a, b); für schwere Belastungen kann diese letztere Festigkeit nicht in Betracht kommen.

Wenn die Höhe freistehender Säulen das 7—10fache ihrer Dicke nicht übersteigt, so werden sich bei übermäßiger Belastung die Holzfasern ineinanderschieben, welchen Vorgang die Technik mit dem Ausdruck „Absitzen" bezeichnet (Abb. 13b, c). Ist jedoch die Höhe der Säule mehr als das 8—10fache (bei Nadelhölzern selbst bis zum 16fachen) größer als seine Stärke oder Dicke, so wird bei übermäßiger Belastung die Säule nicht absitzen, sondern sich durchbiegen; das Holz wird auf Zerknickungs- oder Säulenfestigkeit in Anspruch genommen (Abb. 15a, b). Für diese letztere Festigkeit können je nach der Art der Befestigung oder Unterstützung der Säule an ihren Enden wieder verschiedene Arten von Zerknickungsfestigkeiten in Betracht kommen.

3. Biegungs- oder relative Festigkeit. So nennt man den Widerstand, den das Holz seiner Durchbiegung oder seinem Abbrechen entgegensetzt. Hierbei können verschiedene Arten der Unterstützung, Befestigung, sowie des Kraftangriffes in Frage kommen. Das Material kann entweder an beiden Enden unterstützt sein und die Kraft in der Mitte wirken (Abb. 16a, b), oder die Unterstützung in der Mitte und der Angriff der Kraft auf beiden Enden erfolgen (Abb. 17a, b), oder das Material ist nur an einem Ende befestigt und die Kraft wirkt auf das freistehende Ende (Abb. 18a, b). Im letzteren Falle wird die Tragkraft des Balkens beispielsweise nur $\frac{1}{4}$ der Tragkraft des auf beiden Enden unterstützten und in der Mitte belasteten Balkens betragen.

Ein weiterer wichtiger Umstand für die Tragkraft eines Balkens ist dessen Querschnittsform und der Verlauf der Jahresringe mit Bezug auf die Unterlage. Die Tragfähigkeit eines Balkens ist am größten, wenn der Querschnitt ein Rechteck darstellt, dessen Breite zur Stärke für gewöhnlich im Verhältnis von 5 : 7 steht und der Balken mit der schmalen Seite (auf der hohen Kante) zur Auflage kommt.

Die Konstruktion dieses Querschnittes wird gefunden, indem man den Durchmesser des Baumstammes (Kreises) in drei gleiche Teile teilt, in den Teilpunkten Senkrechte errichtet und die im Umfang liegenden Punkte miteinander verbindet (Abb. 19). Liegt der Jahresringverlauf eines solchen Balkens auch noch annähernd senkrecht zur Unterlage, so zeigt ein solcher Balken das Höchstmaß an Tragkraft (Abb. 20a).

Wird derselbe Balken auf eine seiner Breitseiten gelegt, so sinkt seine Tragkraft — wenn dieselbe in der ersteren Lage mit 100 angenommen — auf 60 (Abb. 20b). Besitzt der Balken zwar gleichen Kubikinhalt, aber quadratischen Querschnitt, so kann man, wenn die Jahresringe annähernd senkrecht zur Unterlage stehen, seine Tragkraft mit 75 (Abb. 20c), dagegen nur mit 65 (Abb. 20d) annehmen, wenn die Jahresringe parallel mit der Unterlage laufen. Ein Balken mit rechteckigem Querschnitt, dessen Markröhre in der Mitte liegt, zeigt, auf die hohe Kante gestellt, als Tragkraft 90 (Abb. 20e), ein solcher mit gleichem Kubikinhalt aber quadratischen Querschnitt die Tragkraft 70 (Abb. 20f).

4. Schub- oder Scherfestigkeit. Darunter begreift man zunächst den Widerstand, den das Holz seiner Trennung in der Längsfaser, an der Stelle eines eingearbeiteten Querschnittes entgegensetzt (Abb. 21a, b, c; 21, 22, 23).

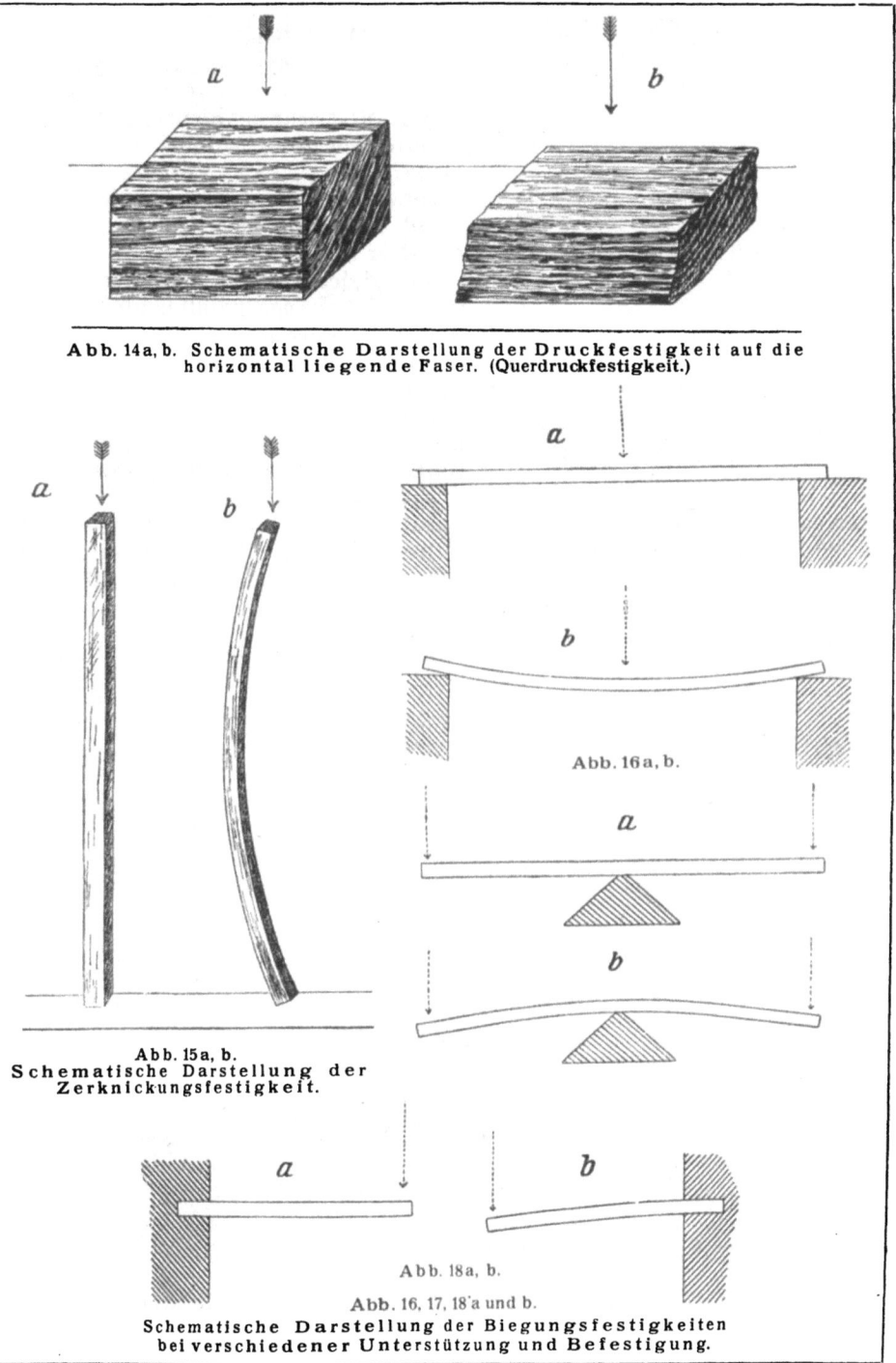

Abb. 14a, b. Schematische Darstellung der Druckfestigkeit auf die horizontal liegende Faser. (Querdruckfestigkeit.)

Abb. 16a, b.

Abb. 15a, b. Schematische Darstellung der Zerknickungsfestigkeit.

Abb. 18a, b.

Abb. 16, 17, 18 a und b. Schematische Darstellung der Biegungsfestigkeiten bei verschiedener Unterstützung und Befestigung.

3*

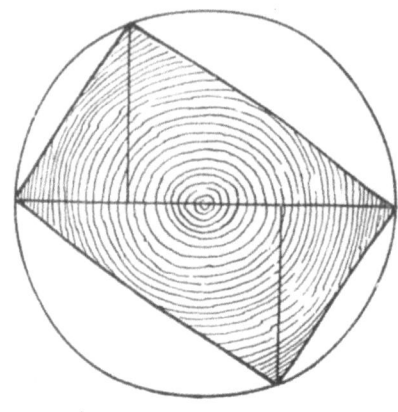

Abb. 19. Konstruktion eines Balkens für das Verhältnis zu seiner größten Tragfähigkeit.

Eine Abscherung senkrecht auf die Holzfaser kommt bei Konstruktionshölzern nicht in Betracht. Die Scherfestigkeit ist nach der Richtung der Holzfasern sehr gering, worauf bei Baukonstruktionen, z. B. der Versatzung einer Strebe bei einem stark liegenden Dachstuhl besonders Rücksicht genommen werden muß (Abb. 21 b).

Desgleichen schert eine Holzfläche, deren Jahresringe parallel zur Auflage liegen, leichter ab, als im entgegengesetzten Falle.

Von unseren einheimischen Holzarten zeichnen sich besonders Rot- und Weißbuche sowie Eiche durch ganz besondere Festigkeit nach dieser Richtung aus.

5. Drehungs- oder Torsionsfestigkeit. Das ist der Widerstand, den das Holz dem Abdrehen oder Abwinden z. B. bei Schraubenzwingenspindeln, Radwellen, Kelter- und Fahrstuhlspindeln bei Brunnen, Bergwerken usw. entgegensetzt (Abb. 23). In bezug auf Baukonstruktionen spielt diese Festigkeitsart eine unwesentliche Rolle.

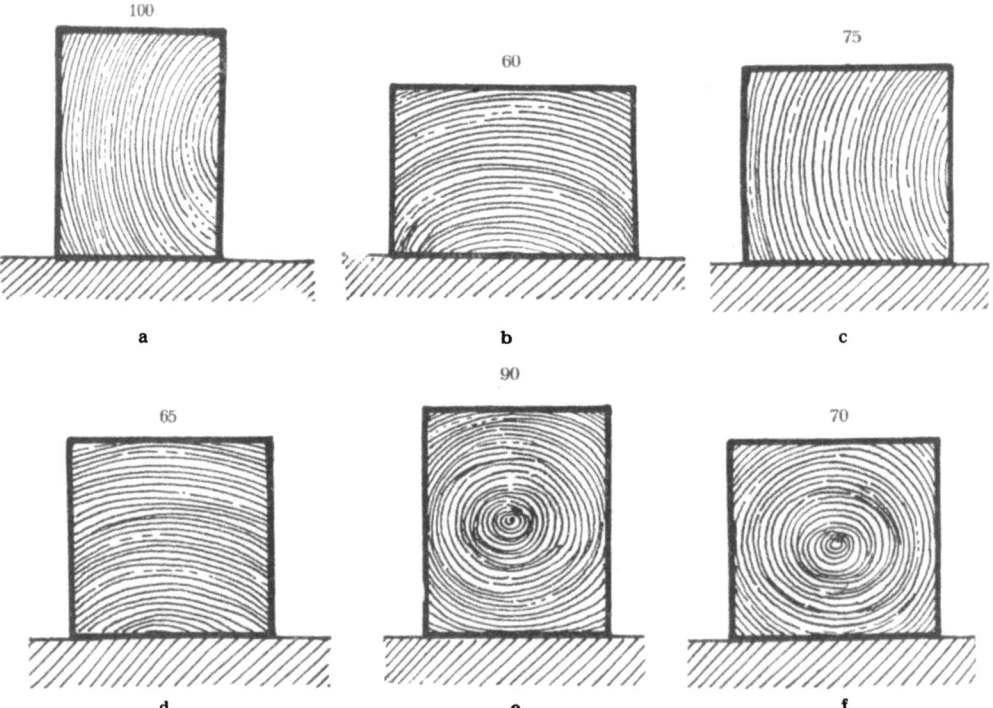

Abb. 20 a, b, c, d, e, f. Unterschiedliche Tragfähigkeit verschieden geformter, inhaltsgleicher Balken, mit Bezug auf den Verlauf der Jahresringe.

Die Festigkeit kommt in allen obengenannten Formen am meisten für Hölzer in Betracht, welche für Bauzwecke bestimmt sind. Doch dürfen bei dieser Verwendung die Hölzer nie auf ihre volle Festigkeit, sondern für gewöhnlich nur mit $^1/_{10}$ derselben in Anspruch genommen werden. In der Praxis wird das Maß dieser zulässigen Belastung als „Sicherheitskoeffizient" bezeichnet.

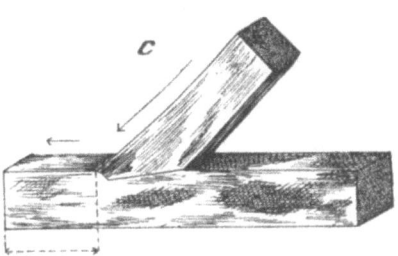

Vorzüglich geeignet für diese Arbeiten sind unsere Nadelhölzer (Fichte, Tanne, Kiefer, Lärche), während von unseren Laubhölzern nur die Eiche, evtl. die Ulme, für manche spezielle Zwecke, z. B. Wasserbauten, noch die Rotbuche und die Erle zur Verwendung gelangen.

Abb. 21 a, b, c. Schematische Darstellung der Scherfestigkeit an einer Streben-Versatzung.

Allerdings muß für die einzelnen Holzarten auch die Art der Kräftewirkung berücksichtigt werden. So übertrifft z. B. das Tannenholz auf Zug in Anspruch genommen selbst das Eichenholz, zum mindesten kann es ihm gleichgestellt werden, während die Fichte eine geringere Zugfestigkeit hat. In bezug auf Widerstand gegen Durchbiegung treten Eiche und Lärche in die erste Reihe, in zweiter kommt die Fichte, in dritter erst die Tanne, während als mindestleistungsfähig die Kiefer zu bezeichnen ist.

Diese Aufstellungen

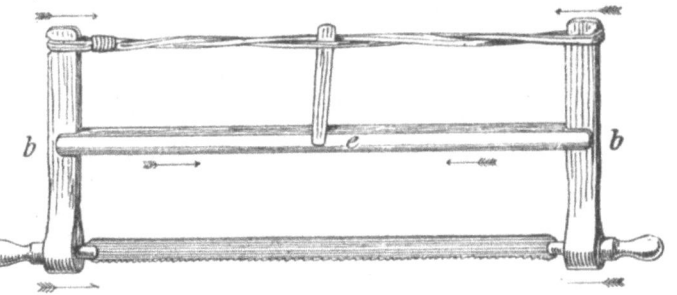

Abb. 22. Gewöhnliche Säge der Holzarbeiter.
b = Biegungsfestigkeit; e = Zerknickungsfestigkeit.

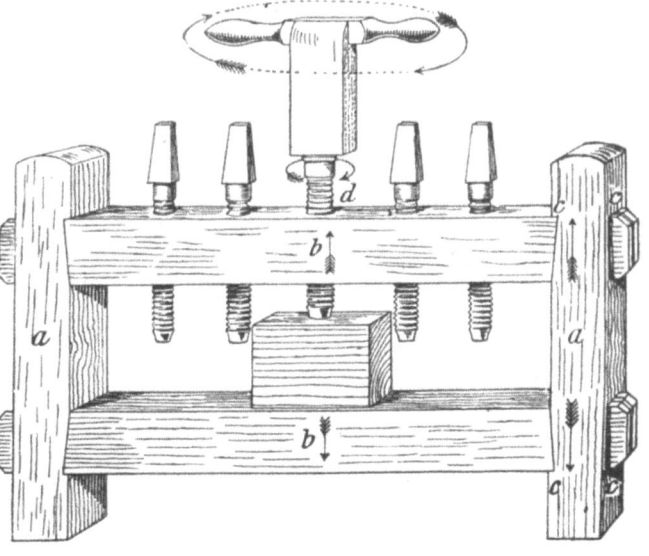

Abb. 23. Schraubbock (Furnierpresse der Möbelschreiner). a = Zugfestigkeit; b = Biegungsfestigkeit; c = Scherfestigkeit; d = Drehungsfestigkeit.

können natürlich nur Anspruch auf relative Genauigkeit haben, da eine sichere Angabe ˙von Festigkeiten nur an einem, für bestimmte Zwecke bereits vorliegenden Holze möglich ist.

Einfluß der Feuchtigkeit auf das Holz.

Hygroskopizität. Die unangenehmste und nachteiligste Eigenschaft des Holzes ist die Hygroskopizität, d. h. das Bestreben, aus der atmosphärischen Luft Wasser aufzunehmen.

Wie bereits erwähnt, enthält das frisch gefällte Holz eine ganz bedeutende Menge Wasser; hiervon wird so lange verdunstet, bis der Wasser-

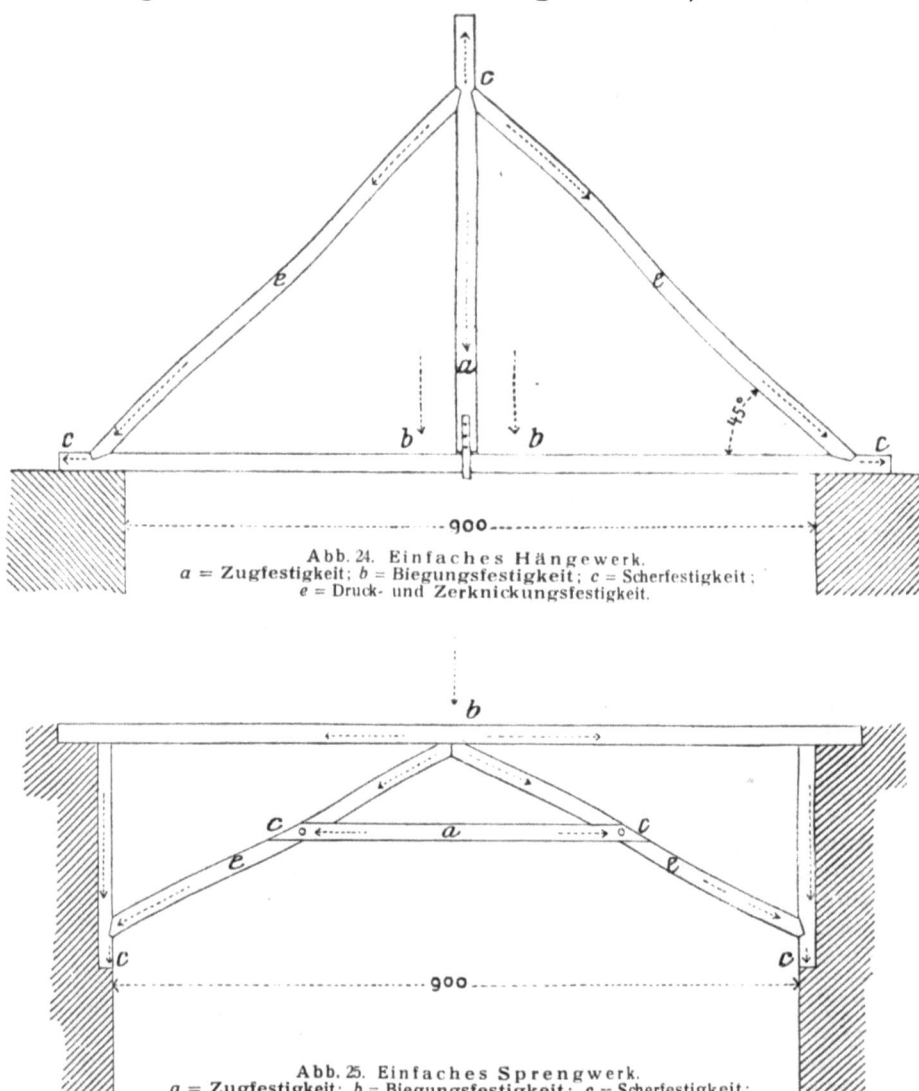

Abb. 24. Einfaches Hängewerk.
a = Zugfestigkeit; b = Biegungsfestigkeit; c = Scherfestigkeit;
e = Druck- und Zerknickungsfestigkeit.

Abb. 25. Einfaches Sprengwerk.
a = Zugfestigkeit; b = Biegungsfestigkeit; c = Scherfestigkeit;
e = Druck- und Zerknickungsfestigkeit.

gehalt des Holzes nahezu dem der umgebenden Luft gleichkommt; solches Holz wird dann lufttrocken genannt, trotzdem es immer noch 15 bis 20% Wasser enthalten kann. Tritt nun keine künstliche Trocknung ein, so verbleibt dem Holze ungefähr dieser Feuchtigkeitsgrad; doch wird dieser immer innerhalb gewisser Grenzen schwanken, da das Holz bei feuchter Witterung wieder mehr Wasser aufnimmt, bei trockener es wieder abgibt.

Durch diesen Wechsel im Wassergehalte ist aber auch der Rauminhalt beständigen Größenveränderungen unterworfen. Die durch diese Schwankungen entstehenden Erscheinungen werden in der Praxis mit dem Ausdruck „Arbeiten des Holzes" bezeichnet.

Unter diesen Arbeiten versteht man jedoch noch eine ganze andere Reihe weiterer Vorgänge, die für sich wieder als „Schwinden, Reißen, Werfen, Quellen, Windschiefwerden" usw. bezeichnet werden.

Durch Verdunstung des Wassers zieht sich das Holz auf einen kleineren Raum zusammen. Dieser Vorgang heißt „Schwinden"; es geht jedoch nicht nach jeder Richtung gleichmäßig vor sich. Die Differenzen zwischen frischgefälltem und lufttrockenem Holze betragen durchschnittlich:

längs der Faserrichtung (Abb. 26a) $\frac{1}{10}$%,
in der Richtung der Markstrahlen (Abb. 26b) 3 bis 5%,
in der Richtung der Jahresringe (Abb. 26c) 10%.

Infolge dieser nach den 3 Hauptrichtungen ungleichen Schwundverhältnisse entsteht auch das Werfen, Krümmen und Verziehen der Bretter; dieselben nehmen eine rinnenartige Gestalt an, namentlich solche, welche mehr von den äußeren Seiten des Stammes herrühren (Abb. 27 und 29c); ein Kernbrett (Abb. 29a und b) wird wieder nach außen zu beider-

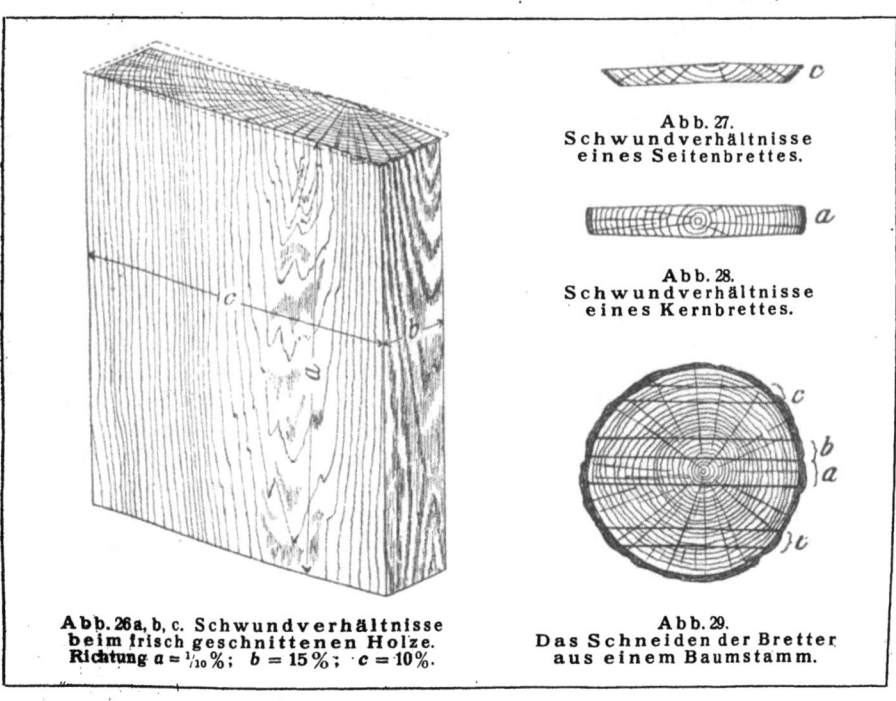

Abb. 27.
Schwundverhältnisse
eines Seitenbrettes.

Abb. 28.
Schwundverhältnisse
eines Kernbrettes.

Abb. 26a, b, c. Schwundverhältnisse
beim frisch geschnittenen Holze.
Richtung $a = \frac{1}{10}$%; $b = 15$%; $c = 10$%.

Abb. 29.
Das Schneiden der Bretter
aus einem Baumstamm.

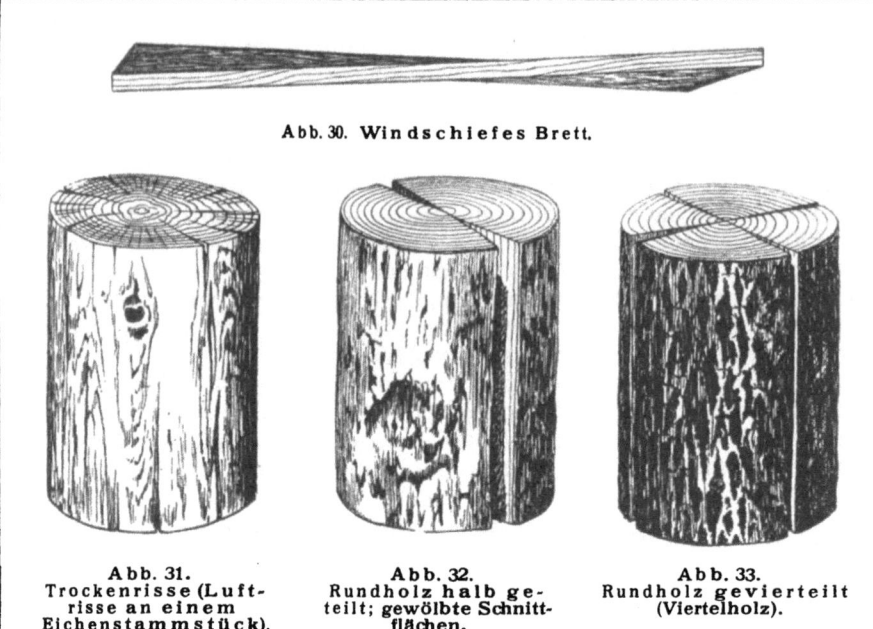

Abb. 30. Windschiefes Brett.

Abb. 31.	**Abb. 32.**	**Abb. 33.**
Trockenrisse (Luftrisse an einem Eichenstammstück).	Rundholz halb geteilt; gewölbte Schnittflächen.	Rundholz gevierteilt (Viertelholz).

seits dünner und wölbt sich gegen die Mitte auf der oberen und unteren Seite gleichmäßig auf (Abb. 28).

Ist ein gleichmäßiges Schwinden nicht möglich, oder wird das Holz von drehwüchsigen Stämmen zu Schnittwaren verwendet, so dreht sich das Holz; man nennt diese Gestaltsveränderung „das Windschiefwerden" (Abb. 30).

Bei allen diesen Vorgängen werden die Holzfasern, besonders bei Rundhölzern, im Innern ungleich in Anspruch genommen, teils zusammengepreßt, teils ausgedehnt. Die Dehnung hat aber bestimmte Grenzen; werden diese überschritten, so reißt das Holz, es bekommt Sprünge und Risse (Trockenrisse, Luftrisse, Trockenspalten, Abb. 31 und 10). Um diese zu vermeiden, pflegt man die Rundhölzer, wo es angeht, durch einen Radialschnitt zu trennen; die Risse zeigen sich dann höchstens noch an den Hirnenden, bei der Austrocknung wölben sich aber die Schnittflächen (Abb. 32). Bei Viertelholz (Abb. 33) tritt dieser Übelstand weniger stark ein, doch wird dieses wieder sehr leicht windschief. Dem Schwinden des Holzes entgegengesetzt ist das Quellen oder Anquellen durch die Wiederaufnahme von Wasser; damit ist zugleich eine Ausdehnung des Rauminhalts verbunden. Von den verschiedenen Holzarten schwinden die einen mehr, die anderen weniger. Wenig schwinden im allgemeinen die Nadelhölzer. Stark schwinden Rot- und Weißbuche, Apfelbaum, Linde, Kirsche, Nußbaum. Das kleinste Schwindmaß unter allen Hölzern besitzt das Mahagoniholz; von den einheimischen Laubhölzern der Ahorn.

Die Mittel, welche gewöhnlich zur Anwendung kommen, um das Arbeiten des Holzes zu vermindern, sind fast alle sehr unzuverlässig. Durch zweckmäßigen Schnitt und langsames richtiges Austrocknen ist viel zu erreichen; ebenso läßt sich das Schwinden und Quellen durch Abhaltung der natürlichen Ursachen (zu große andauernde Wärme oder Feuchtigkeit) in gewissen Grenzen halten, so lange jedoch das Holz nicht tot ist, wird es immer arbeiten. Am Stamme abgestorbenes (überständiges) oder stockiges und etwas angefaultes Laub- und Nadelholz (Totes Holz), sowie vor allem das gesunde Holz von alten Balken u. dgl., arbeitet sehr wenig. Dieses Holz hat aber seine technisch wichtigsten Eigenschaften, die Festigkeit und Elastizität eingebüßt; es läßt sich in der Möbelschreinerei — wenn natürlich eine vorhandene Zersetzung noch nicht zu weit vorgeschritten — für furnierte Arbeiten (Füllungen usw.) oft noch mit Vorteil verwenden, zu jeder Art von Konstruktionen ist es jedoch unbrauchbar. Wir dürfen das Holz am Arbeiten nicht einmal hindern; geschieht dies, so sprengt es die Konstruktion, es reißt.

Um dem letzteren Übelstand zu begegnen, gibt es nur zwei Mittel, nämlich die Verwendung eines vor seiner Verarbeitung sachgemäß behandelten und getrockneten älteren Holzes und eine technisch richtige, dem jeweiligen Zweck genau angepaßte Konstruktion.

Die Dauerhaftigkeit des Holzes.[1])

Das Werkholz ist den verschiedensten Einwirkungen der Luft und Feuchtigkeit, den Angriffen von Tieren und Pflanzen, im bearbeiteten Zustande als Gebrauchsgegenstand auch noch vielfach dem Druck oder Stoß, der Reibung, überhaupt der Abnützung im allgemeinen ausgesetzt, so daß die Holzfasern ihren natürlichen Zusammenhang nur auf gewisse Zeit behalten, was man als die Dauer des Holzes bezeichnet.

Diese ändert sich nicht nur nach der Holzgattung, sondern auch nach der Art der Verwendung. So hat z. B. unser Rotbuchenholz, zu gewöhnlichen Gebrauchsgegenständen verarbeitet, eine oft hundertjährige Dauer; den Witterungseinflüssen ausgesetzt, zerfällt es schon in 3—5 Jahren, während es unter Wasser wieder jahrzehntelang hält.

Die richtige Wertung für die Dauer des Holzes ist also von besonderer Bedeutung, wenn dasselbe den Witterungseinflüssen ausgesetzt ist, oder wenn es auf der Erde aufliegt, oder in den Boden eingelassen wird.

Wird das Holz zu Gegenständen verarbeitet, welche ständig trocken gehalten und von frischer Luft umspielt werden, so ist die Dauer der meisten Holzarten eine fast unbegrenzte; Beweis hierfür sind viele Holzkonstruktionen, welche nahezu tausend Jahre alt sind (Dachstühle alter Dome usw.). Ebenso ist die Dauer vieler Holzarten, z. B. der Erle, Rotbuche, Ulme, Kiefer und Lärche bei Verwendung unter Wasser eine sehr lange, bei Eiche auch hier eine fast unbegrenzte.

Beweis hierfür sind die Überreste uralter Pfahlbauten, sowie aus dem Rhein und aus der Donau gehobenen Eichenpfähle (Schwarzeichen- oder Wassereichenholz) alter römischer Brücken.

Auch bei unseren alten Möbeln, Holzbildhauer- und Drechslerarbeiten kann man, sofern dieselben vom Insektenfraß verschont bleiben, von einer fast unbegrenzten Dauer sprechen.

Diese Dauer des Holzes ist unter Verhältnissen angenommen, welche

---

1) Vgl. „Die Dauerhaftigkeit unserer einheimischen Holzarten", von Jos. Großmann. Zeitschrift „Der Holzkäufer". Erste Friedens-Welt-Propaganda-Ausgabe. Leipzig, Oktober 1919.

für seine Erhaltung günstig sind; unter ungünstigen Verhältnissen zerfällt das Holz, gleich allen anderen organischen Körpern, im Verlaufe von mehr oder weniger **Jahren** vollständig. **Die** ungünstigen Verhältnisse werden durch zwei Gruppen von Schädlichkeiten bewirkt und zwar durch die **atmosphärischen Einflüsse** (Sauerstoff der Luft, Wasser, Sonne u. dgl.) und die **schädlichen pflanzlichen Organismen** (Pilze usw.), welch letztere sich überall dort ansiedeln und entwickeln, wo sie die Bedingungen ihres Wachstums finden. Diese schmarotzenden Organismen, welche weder in trockener Luft noch im Wasser, aber ebensowenig ohne Luft und ohne Wasser leben können, gedeihen am besten in feuchter, wenig bewegter Luft; sie sind die Ursache der „**Fäulnis**" des Holzes.

Im allgemeinen gilt ein Holz um so **dauerhafter**, je länger es der Zerstörung durch die erwähnten Einflüsse widersteht; man nennt dies die **natürliche Dauer**, im Gegensatz zur Dauer, die dem Holze durch Imprägnierung o. dgl. **künstlich** gegeben werden kann.

Wie schon erwähnt, wird die Dauer des Holzes am meisten durch den Wechsel von Nässe und Trockenheit beeinträchtigt, und können für die Verwendungen unter diesen Bedingungen von den einheimischen Hölzern überhaupt nur Eiche, Ulme, Lärche und Kiefer in Frage kommen; alle anderen sind hierfür mehr oder weniger ungeeignet.

Auch auf die Dauerhaftigkeit haben die Wachstumsverhältnisse des Baumes (Klima, Lage und Boden) großen Einfluß. Es wird fast allgemein angenommen, daß die Laubhölzer aus wärmeren und umgekehrt die Nadelhölzer aus kälteren Gegenden eine größere Dauer besitzen; Holz von mittlerem Alter hat durchschnittlich eine größere Dauer als junges oder zu altes; ebenso ist Kernholz stets dauerhafter als Splintholz.

Äußerst schwierig ist es, stehendes Holz auf seine Dauerhaftigkeit zu beurteilen. Man kann hier nur bei Schaftreinheit, gesunder, kräftiger Belaubung oder Benadelung auf gesunde Stämme, somit also auf größere Dauer schließen. Sind an einem Stamme Frostrisse oder Frostleisten, abgebrochene Äste, Beulen usw., so ist er immer mit Mißtrauen zu betrachten. Leichter ist schon eine Beurteilung des gefällten und geschnittenen Holzes; doch setzt auch dies noch eine genaue Kenntnis der Eigenschaften und Fehler des Holzes voraus, da in den meisten Fällen der bloße Augenschein genügen muß.

Großen Einfluß auf die Dauer des Holzes hat dessen richtige Austrocknung; es kann ein sonst ganz gesundes Holz durch eine unrichtige Behandlung bei der Austrocknung in seiner Dauer sehr beeinträchtigt und dadurch stark entwertet werden. Keineswegs aber steht die Dauer des Holzes mit dem spez. Gewicht der Hölzer, oder mit dessen Härte im Einklang. Es haben z. B. unsere einheimischen Nadelhölzer trotz ihres geringen spez. Gewichtes eine größere **Dauer**, als das härtere und schwerere Rotbuchen-, Weißbuchen- und Eschenholz.

Ob auf die Dauer des Holzes auch die Fällzeit der Bäume von Einfluß ist, darüber sind die Ansichten sehr verschieden. Wenn wirklich Unterschiede zwischen einen im Winter oder Sommer gefällten Holz vorhanden sein sollten, so **könnten** sie nur im Splintholz zu finden sein.

Die Heiz- oder Brennkraft des Holzes.

Die Wärmemenge, welche ein bestimmtes Quantum Holz bei der Verbrennung in unseren gewöhnlichen Feuerungen entwickelt, wird als die Heiz- oder Brennkraft bezeichnet. Um bezüglich der in den Brennstoffen enthaltenen Wärmemengen eine Maßeinheit zu erhalten, hat man als solche die Wärmeeinheit oder Kalorie aufgestellt. Man versteht darunter jene Wärmemenge, welche erforderlich ist, ein bestimmtes Gewichtsteil Wasser um 1^0 C zu erwärmen. Wenn daher gesagt wird, daß lufttrockenes Holz 3260, Holzkohle aber 8080 Wärmeeinheiten oder Kalorien besitzt, so ist darunter zu verstehen, daß 1 kg lufttrockenes Holz 3260, 1 kg Holzkohle aber 8080 Liter Wasser um 1^0 C zu erwärmen vermögen.

Nimmt man gleiche Gewichtsmengen verschiedener Holzarten, so liefern dieselben bei gleichem Trockenheitsgrade nahezu gleiche Wärmemengen. Wird jedoch nicht das Gewicht, sondern das Raummaß wie Festmeter, Raummeter (Ster) als Grundlage der Vergleichung angenommen, so unterscheiden sich die einzelnen Holzarten bezüglich ihrer Heizkraft ganz erheblich. So besitzt das Ahornholz 3600, das Buchenholz 3500, das Fichtenholz hingegen nur 3250 Wärmeeinheiten.

Auch der Feuchtigkeitsgehalt des Holzes übt auf dessen Heizkraft einen entscheidenden Einfluß aus. Bei der Verbrennung feuchten Holzes muß eben erst das in ihm enthaltene Wasser verdampft werden, ehe Wärme erzeugt wird, so daß für die eigentliche Erwärmung des Ofens dann in der Regel oft nur eine ganz geringe Wärmemenge übrig bleibt. So entwickelt unter den günstigsten Verhältnissen grünes Holz mit 50% Wassergehalt nur 1500 Wärmeeinheiten, während das gleiche Holz mit 20% Feuchtigkeit 2800, mit 10% sogar 3200 Wärmeeinheiten geben kann. Der Brennwert des Holzes kann weiter durch pilzliche Zerstörungen bedeutend vermindert werden; anbrüchiges oder verstocktes Holz besitzt nur einen geringen Brennwert, faules Holz verglimmt ohne Flammung.

Der Heizwert der einzelnen Holzarten kann auch je nach der Verwendungsweise verschieden beurteilt werden. So entwickeln z. B. Rotbuche und Ahorn bei ihrer Verbrennung in einem beschränkten Raume eine besonders starke, länger andauernde Hitze, während die Nadelhölzer und von Laubhölzern Birke, Erle, Linde eine starke Flamme erzeugen, durch die einer Heizfläche zwar eine rasche, aber nicht anhaltende Wärme zugeführt wird. In Haushaltungen verdienen deshalb die harten Holzarten zur Zimmerheizung den Vorzug, während die weichen gern zum Backen, Braten u. dgl. Verwendung finden.

Großen Einfluß auf die Brennkraft hat auch die Behandlung des Brennholzes nach der Fällung; je rascher dasselbe zerkleinert und an einem trockenen, luftigen Orte aufgestapelt wird, um so höher kann die Brennkraft desselben gesteigert werden.

III. Fehler, Krankheiten und Feinde des Holzes am stehenden Baume.

Die Brauchbarkeit eines Holzes hängt oft von Erscheinungen ab, die wir als „Fehler" bezeichnen. Diese Fehler können nun entweder schon im anatomischen Bau des Holzes liegen, teils aber auch durch die Beschaffenheit des Bodens und Klimas, durch atmosphärische Einflüsse, durch Elementarereignisse, durch Mutwillen oder Gewalt, wie auch durch pflanzliche und tierische Schädlinge herbeigeführt werden.

Im allgemeinen bezeichnet man als „Fehler", im Gegensatz zu den „Krankheiten", diejenigen Erscheinungen, bei welchen die Brauchbarkeit des Holzes für bestimmte Zwecke zwar beeinträchtigt, das Holz aber, da die Holzfaser in der Regel noch gesund, für viele Zwecke noch verwertet werden kann, während „krankes Holz" für jeden technischen Zweck zumeist unbrauchbar ist.

1. Fehler des Holzes bei noch gesunder Holzfaser.

Exzentrischer Wuchs (Abb. 34). Dieser Fehler ist am gefällten Holze leicht, am stehenden Baume selten zu erkennen. Das Mark befindet sich hierbei nicht in der Mitte des Stammes; die Jahresringe drängen sich auf einer Seite auffallend zusammen, während sie auf der anderen bedeutend erweitert sind. Die Ursache dieser Erscheinung sind zumeist einseitige, plötzliche Freistellung des Baumes, wie der exzentrische Wuchs auch vornehmlich bei Bäumen zu beobachten ist, welche an Waldrändern, Mauern oder Felsen stehen.

Dieser Fehler wäre an und für sich — namentlich für Bauzwecke — von keiner besonderen Bedeutung. Es tritt jedoch bei unseren Nadelhölzern, vor allem bei Fichte und Tanne, an der Seite der erweiterten Jahresringe — sehr häufig die Südseite des Stammes — fast immer die Rotholzbildung auf. Diese Erscheinung ist auf einen mechanischen Reiz, verursacht durch einseitigen Winddruck zurückzuführen; deshalb wird das Rotholz in Fachkreisen vielfach auch als Druckholz, aber auch als rothartes oder nagelhartes Holz bezeichnet. Stark rothartes Holz ist zu jeder Art Schnittware unbrauchbar, da es nie stehen bleibt, sondern sich nach allen Richtungen verzieht und wirft.

Harzgallen (Abb. 10 u. 38). Es sind dies innerhalb der Jahresringe liegende flache, mit Harz

Abb. 34. Querschnittscheibe von einem Fichtenstamm mit exzentrischem Wuchs, Rotholzbildung und Trockenriß.

erfüllte Höhlungen von oft unscheinbarer Länge bis zur Ausdehnung von vielen Zentimetern. Ihre Entstehung ist auf den Eintritt des Harzes in die noch in der Entwicklung begriffenen kambialen Holzschichten zurückzuführen. Sie kommen bei unseren Nadelhölzern nur in Fichte, Kiefer und Lärche vor — in Tanne niemals — und schädigen je nach ihrer Größe und Häufigkeit den Gebrauchswert des Holzes.

Drehwuchs(Abb. 35). Dieser Holzfehler kann schon am stehenden Stamme an dem gewundenen Verlauf der Holzfasern unschwer erkannt werden. Die

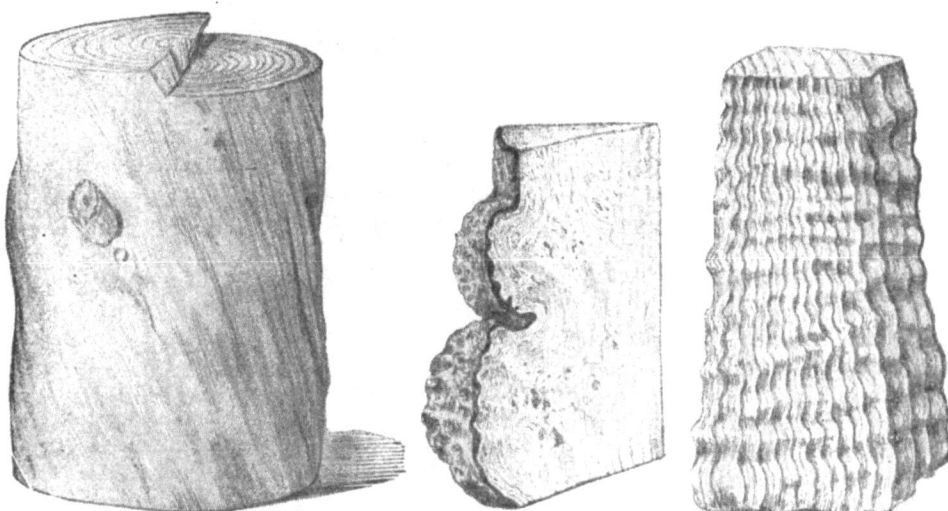

Abb. 35.
Drehwüchsiges Kiefern-stammstück.

Abb. 36. **Wurzelstamm-stück einer Erle mit Maserbeulen.**

Abb. 37.
Wellenförmiger Wuchs an einem Fichtenstück.

Entstehung desselben wird auf verschiedene Ursachen, teils Wind-, teils Bodenverhältnisse zurückgeführt, bedarf jedoch noch genauerer Untersuchungen, um so mehr, als es Stämme gibt, die nach rechts, andere wieder die nach links — sonnig oder widersonnig — gedreht erscheinen; es kommt auch nicht selten vor, daß an einem Stamm die inneren Holzfasern sonnig, die äußeren widersonnig gedreht sind (wildes Holz), oder aber daß nur die äußeren Schichten drehwüchsig sind, die inneren hingegen geraden Faserlauf zeigen. Zum Drehwuchs neigen besonders stark Kastanie und Kiefer, doch kommt er auch nicht selten bei Fichte, Tanne, Erle, Ulme usw. vor. Holz mit diesem Fehler ist für die meisten technischen Verwendungen, vor allem aber für Schnittholz unbrauchbar, da es nie stehen bleibt, sondern sich immer verzieht und wirft.

Der Drehwuchs ist auch die Ursache für die in der Praxis täglich zu beobachtende Erscheinung, daß beim Sauberhobeln eines Brettes dasselbe auf ein und derselben Seite nach beiden Richtungen bearbeitet werden muß.

Abnormer Faserverlauf; Maserwuchs (Abb. 36), **welliger und wimmeriger Verlauf der Holzfaser** (Abb. 37). Der Maserwuchs liefert einerseits ein Material, das schwer zu bearbeiten und zu Brett- und Spaltwaren überhaupt nicht zu gebrauchen ist; insofern erscheint er als Holzfehler. Andererseits erhält dieses Material durch die überraschend schöne Struktur der Maserung,

die es für feine Kunstarbeiten sowie als Furnierholz geeignet erscheinen
läßt, oft außerordentlich hohen Wert. Die Maserbildung kann durch verschiedene Umstände hervorgerufen werden; meistens entsteht sie durch
eine Überwucherung von unentwickelten schlummernden Knospen (Reserve-
knospen). Die Maserbildung erfolgt mit Vorliebe an Wurzelstöcken, unteren Stammteilen, Kronen- und Astansätzen und zeigt sich hier in Form
von kleineren oder größeren Anschwellungen, den sog. Maserkröpfen
oder Maserknollen. Besonders häufig tritt die Maserbildung an Schwarzpappel, Erle, Birke, Ulme und Ahorn sowie an den Wurzelstöcken der
Baumheide (Bruyère-Maser), auf.

Zu den schönsten Maserbildungen gehört der Vogelaugenmaser, der
am Zuckerahorn (Acer saccharinum Wangh.) auftritt und welcher, grau
gebeizt, im Handel oft unter dem Namen „Maple" vorkommt. Auch der
schwedische Birkenmaser und der türkische Eschenmaser sind
für gewisse Kunstarbeiten sehr gesucht. Herrliche Maserbildungen finden
sich auch am Nußbaum, von welchem die schönsten und größten Stücke
mit oft tiefschwarzbrauner Textur aus den Höhenlagen des Kaukasus
kommen.

Das wertvollste und schönste Maserholz wird aus Knollen gewonnen,
welche von Nordafrika als Thuja-Maserknollen in den Handel kommen
und sehr teuer bezahlt werden.

Der wellenförmige Faserverlauf (Abb. 37) beeinträchtigt die Verwendung
des Holzes zu Schnitt- und Spaltware, so lange die Aus- und Einbuchtungen einen schwach welligen Verlauf nehmen, weniger; je stärker und kür-
zer diese jedoch sind, um so höheren Wert erhält das Holz durch die dabei stets zunehmende Schönheit in der Zeichnung. Das zu Furnieren am
meisten gesuchte derartige Holz ist das der ungarischen Esche. Hierbei kann man die interessante Beobachtung machen, daß der schöne wellige
Verlauf nur in den äußeren Holzschichten des Stammes vorhanden ist, während die inneren Schichten zumeist ganz normalen Wuchs zeigen. Die Furniere werden in diesem Falle um den Stamm herum geschält. Liegen diese
Aus- und Einbuchtungen nicht wie beim ungarischen Eschenholze in der
Mantelfläche, sondern wie hin und wieder bei der Fichte in kleinen Ab-
knickungen im Jahresring, so erhält diese Fichte dann den Namen „Haselfichte". Seiner vorzüglichen Resonanz wegen findet solches Holz für Musik-
instrumente die vorteilhafteste Verwendung.

Astbildungen, Astknoten. Wo am stehenden Baume die Äste sitzen,
bemerkt man am zerschnittenen Holze die Astknoten. Diese können entweder mit dem Holze fest verwachsen sein — gesunde, eingewachsene
Äste (Abb. 38), oder von abgestorbenen überwachsenen Ästen herrühren,
in welch letzterem Falle die Astknoten nach dem Zerschneiden und der
Austrocknung des Holzes aus den Brettern fallen — tote Äste, Durch-
falläste (Abb. 39) —, wodurch dann die Astlöcher entstehen. Die Astknoten sind immer als Fehler zu betrachten, welche je nach ihrer Zahl und
Größe den Holzwert stark beeinträchtigen können; demgegenüber steht der
hohe Nutz- und Preiswert des astreinen Holzes. Eine Ausnahme hiervon
macht nur das Zirbelholz, bei welchem der Astreichtum den Wert in der
Regel erhöht. Die unangenehmsten Erscheinungen im Schnittholz sind die
überwallten, vom Stamm abgebrochenen (Abb. 40) oder abgesägten (Abb. 41),
gewöhnlich bereits angefaulten Äste (Abb. 42), wenn sie im Laufe der Jahre

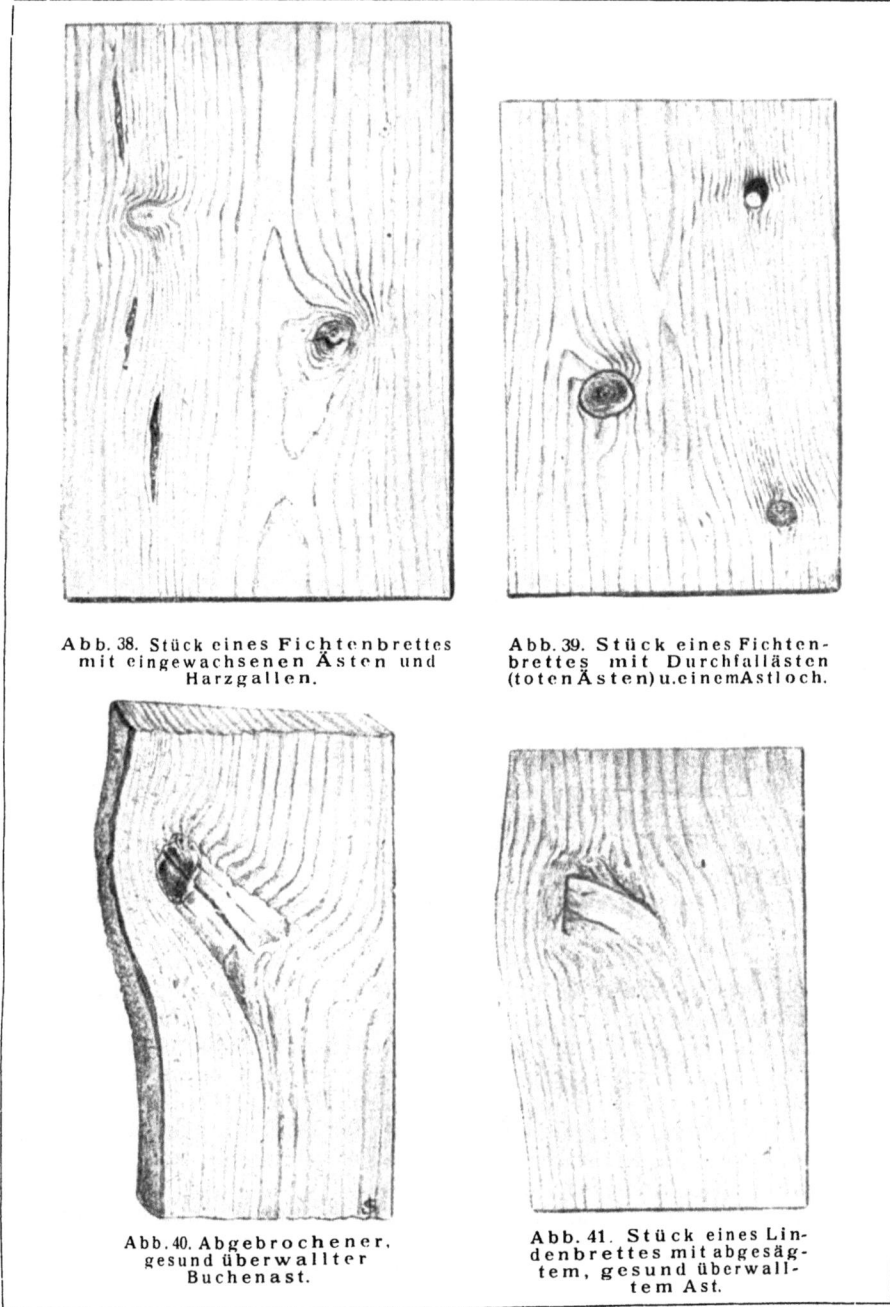

Abb. 38. Stück eines Fichtenbrettes
mit eingewachsenen Ästen und
Harzgallen.

Abb. 39. Stück eines Fichtenbrettes mit Durchfalllästen
(toten Ästen) u. einem Astloch.

Abb. 40. Abgebrochener,
gesund überwallter
Buchenast.

Abb. 41. Stück eines Lin-
denbrettes mit abgesäg-
tem, gesund überwall-
tem Ast.

von dem sich neu bildenden Holze überwachsen sind. Die Astwunden
sind stets die größte Gefahr für den Stamm, zumal bei unseren wertvollen
Laubhölzern wie Eiche, Nußbaum, Ahorn, Rotbuche usw., da sie mei-

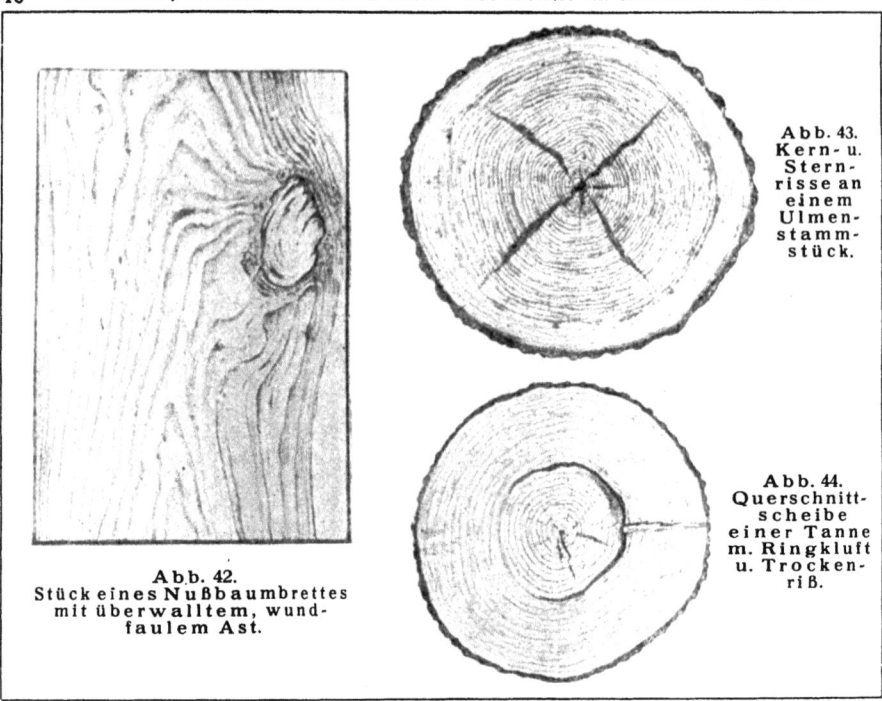

Abb. 43.
Kern- u.
Stern-
risse an
einem
Ulmen-
stamm-
stück.

Abb. 44.
Querschnitt-
scheibe
einer Tanne
m. Ringkluft
u. Trocken-
riß.

Abb. 42.
Stück eines Nußbaumbrettes
mit überwalltem, wund-
faulem Ast.

stens die Angriffsstellen für alle Holzschädlinge pflanzlicher und tierischer Art sind.

Kern- und Sternrisse, Spiegelklüfte, Uhrzeiger (Abb. 43). Diese Spaltungen im Innern der Stämme beginnen im Mark und verlaufen in der Richtung der Markstrahlen. Sie reichen selten bis an die Oberfläche des Stammes, sind deshalb am stehenden Baum nicht zu erkennen. Ihre Ursache dürfte in einer ungleichen Austrocknung des Kernes liegen. Stämme mit solchen Rissen sind als Schnittholz immer minderwertig.

Ringklüfte oder Schälrisse, auch Ringschäle — Kernschäle — genannt (Abb. 44). Es sind dies ringförmige Klüftungen im Innern der Bäume, wodurch eine teilweise oder auch vollständige Trennung zweier aufeinander folgender Jahresringe eintritt. Sie beschränken sich meistens nur auf ein kürzeres Stück des unteren Schaftteiles eines Stammes, können aber auch einen vollständig isolierten Kernkegel bilden. Ihre Entstehung ist auf verschiedene Ursachen, wie Frost, langanhaltenden Druck, zurückzuführen. Sie sind namentlich da zu beobachten, wo zwei Jahresringe von ungleicher Breite und Dichte aneinander grenzen.

Als Ursachen der eigentlichen **Kernschäle** können zumeist Verwundungen im jugendlichen Alter durch Wildverbiß oder Verletzungen mit nacheriger Überwallung angesehen werden. Stämme mit Schälrissen sind als Schnittholz ungeeignet.

Frostrisse, Eisklüfte sind Radialrisse, welche am stehenden Baum gewöhnlich bei tiefen Wintertemperaturen und raschem Wetterwechsel unter Mitwirkung des Windes auftreten. Sie entstehen, entgegengesetzt zu den Kernrissen, im jüngeren Holze, also am äußeren Umfange des Stammes, und verlaufen gegen das Mark. Da sich der Riß bei wärmerer Temperatur wieder schließt, tritt der neue Jahresring zu beiden Seiten des Spaltes als Wulst hervor, wodurch dann, wenn dieser Vorgang sich mehrere Jahre wiederholt, die bekannten Frostleisten (Abb. 45) entstehen. Die Frostrisse sind vornehmlich an Eiche, Esche, Ulme, Weißbuche u. a., weniger an Nadelbäumen zu beobachten. Stämme mit Frostrissen verraten wohl eine gute Spaltbarkeit, sind jedoch für viele Nutzzwecke minderwertig.

Doppelter Splint, Mondring, auch falscher Splint genannt (Abb. 46). Mitten im Kernholze der Eiche zeigen sich zuweilen einer oder mehrere Ringe lichteren und weicheren Holzes, welche entweder den ganzen Stamm umfassen oder, auf dem Stammquerschnitt betrachtet, die Form der Sichel eines Halbmondes — daher Mondring genannt — zeigen. Die neueren Forschungen ergaben, daß die Entstehung dieses Fehlers auf den Frost zurückzuführen ist. Dieser Fehler macht das Material für Bauzwecke vor allem unter Wasser ungeeignet und beeinträchtigt auch den Wert der Schnittware insofern, als bei Verwendung für Möbelholz nach Fertigstellung der Arbeit die helleren Streifen unangenehm hervortreten, aber durchaus keine Beizung annehmen wollen.

Abb. 45. Eichenstammstück mit Frostriß u. Frostleiste.

Überwallung nach Verletzungen. Jede teilweise Entfernung der Rinde eines Stammes, sei es infolge mutwilliger Beschädigungen, Anfahren mit Holzfuhrwerken oder Anstreifen fallender Bäume, Ausübung der Harznutzung oder infolge Schälens und Benagens durch Hirsche

Abb. 46. Querschnittscheibe eines Eichenstammes mit Mondring, Ringkluft u. aufgesprungenem Frostriß.

(Abb. 47), Rehe, Hasen, ja selbst Mäuse, wird immer eine Überwallung der verletzten Stelle hervorrufen. Besteht die Beschädigung nur in einer Verletzung der Rinde, so wird dieselbe wohl einen abnormalen Faserverlauf

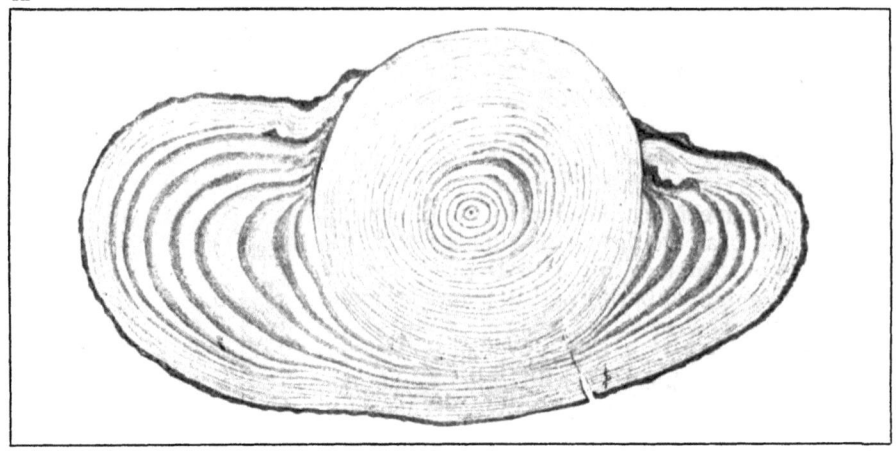

Abb. 47. Fichtenstammquerschnitt mit teilweise überwallter Wildschälwunde.

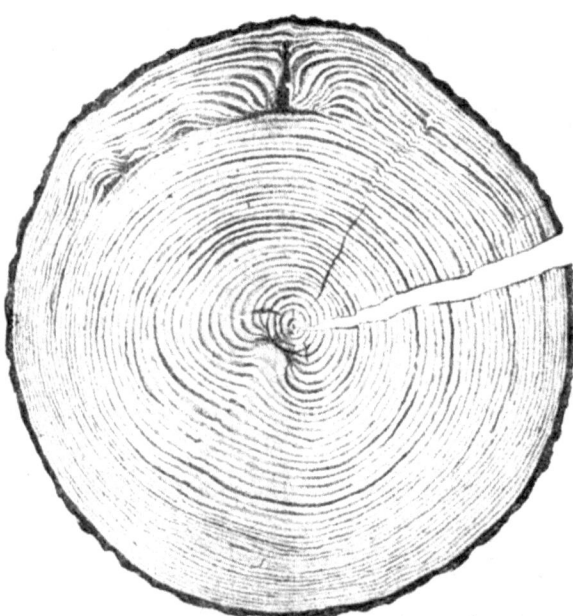

Abb. 48. Querschnittscheibe einer Tanne
mit überwallten Verletzungen.

(Abb. 48), aber keine weiteren Nachteile hervorrufen. Besteht sie jedoch in einer weitgehenden Entblößung und Verletzung des Splintholzes, so wird sie meistens zu einer Fäulnis der darunter liegenden Holzschichten, der sog. Wundfäule, führen. Hierdurch kann natürlich ein sonst ganz gesunder Stamm stark entwertet werden (Abb. 49).

Beulen und Kropfbildungen. Derartige Mißbildungen entstehen am stehenden Baume gewöhnlich durch Überwallung abgebrochener Äste oder Aststummel — Astbeulen —, wie sich auch bei Nadelhölzern, vor allem bei Fichte nach Verletzungen die bekannten Harzbeulen entwickeln. Durch Verletzungen und nachherige Parasitenansiedlungen entstehen weiter die Hexenbesen und Krebsbeulen, welche namentlich in Tannenbeständen durch den Erreger des Tannenkrebses — Aecidium elatinum — hervorgerufen, während verschiedene Taphrina-Arten die Ursache der Hexenbesen an unterschiedlichen Laubhölzern bilden. Auch durch die Riemenblume, Eichenmistel — Loranthus europaeus L. — entstehen derartige Kröpfe. An Tanne, Kiefer, Apfelbaum usw. kann man nicht selten eine strauchartige immergrüne Schmarotzerpflanze, die gemeine Mistel — Viscum album L. — (Abb. 50) beobachten, welche durch ihre oft tief in das Holz gehenden Senker das Holz entwerten kann.

Zu verwechseln sind diese Mißbildungen keineswegs mit den bereits besprochenen Maserbeulen. Es bedarf oft genauer Kenntnisse, derartige Mißbildungen von den eigentlichen oft wertvollen Maserbeulen zu unterscheiden. **Formfehler des Holzes (Abb. 51, 52, 53, 54, 55).** Als solche sind Krümmungen, Vergabelungen, Zwieselbildungen u. dgl. zu bezeichnen. Doch

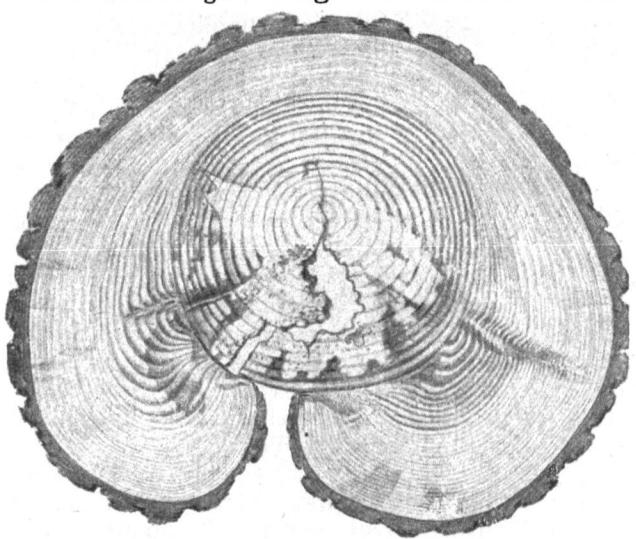

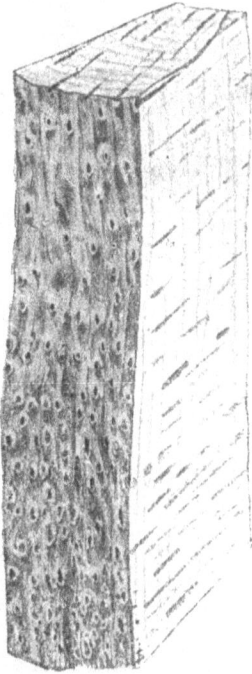

Abb. 49. Kiefernstammquerschnitt mit weitgehender Zersetzung (Wundfäule) der verletzten Holzteile.

Abb. 50. Tannenstück mit Senkerspuren der gemeinen Mistel.

Abb. 51. Abb. 52.
Einfache Krümmlinge (figurierte Hölzer).

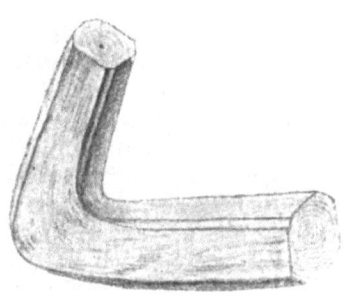

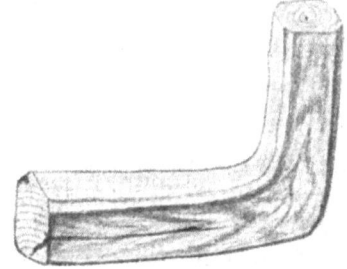

Abb. 53. Kniehölzer. Abb. 54.

4*

sind solche **Hölzer** für gewisse Zwecke, so namentlich für den Schiffbau und als Wagner- und Stellmacherhölzer oft sehr gesucht und von ganz besonderem Wert.

Fehler des Holzes, verursacht durch atmosphärische Einflüsse, tierische Beschädigungen u. dgl. An der Süd- und Westseite dünnrindiger Bäume wie Buchen, Tannen usw., namentlich wenn diese plötzlich freigestellt wurden, kann man oft ein allmähliches Absterben des äußeren Rindengewebes und des darunter liegenden Kambium beobachten. Diese Erscheinung, als Sonnen- oder Rindenbrand bezeichnet, ist eine Folge direkter Sonnenbestrahlung, wodurch die betreffenden Rindenteile vertrocknen, aufreißen und dann abfallen.

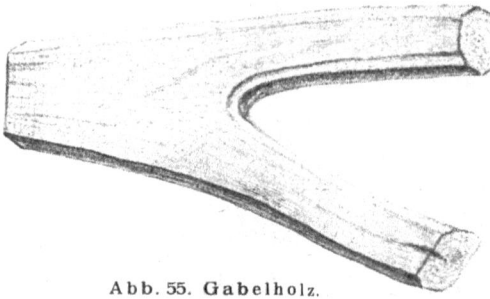

Abb. 55. Gabelholz.

Abb. 56. Stammstück einer vom Blitz zerschmetterten Fichte.

Auch der Hagel verursacht an solchen dünnrindigen Bäumen, namentlich Buchen, Beschädigungen insofern, als an den Schlagstellen eine Art Quetschwunden entstehen, wodurch die Rinde abstirbt und diese Wundteile dann nicht selten die Ausgangsstellen des Buchenkrebses bilden.

Bei jüngeren Stangenhölzern kann der auflagernde Schnee einen mechanischen Druck — Schneedruck — ausüben, welcher oft zu schweren Verkrümmungen, Kronen- und Astbrüchen führt. Die schwersten Beschädigungen werden durch Windbruch verursacht, welchem besonders die flachwurzelnde Fichte am meisten ausgesetzt ist. Gegen gewöhnliche Stürme kann eine naturgemäße Erziehung der Bestände sichern; gegen Orkane und Wirbelstürme gibt es keinen Schutz.

Ziemlich häufig sind an verschiedenen Bäumen Beschädigungen, verursacht durch den Blitz, zu beobachten; sie kennzeichnen sich teils durch Ablösen von Rindenstreifen vom Holz (Blitzrinnen), nicht selten auch in Zerschmetterungen einzelner Stammteile (Abb. 56); nicht alle Baumarten sind jedoch in gleichem Maße der Blitzgefahr ausgesetzt. Während Eichen (Abb. 57), Pappeln, Birnbäume und die Nadelhölzer als direkte Blitzbäume gelten können, werden Rotbuche, Linde, Ahorn zwar nicht, wie oft angenommen, vom Blitze vollständig verschont, sind jedoch als weniger gefährdet zu betrachten.

Umschnürungen junger Birken, Hasel und anderer Holzarten durch die wilde Weinrebe — Vitis vinifera L. —, die Waldrebe — Clematis vitalba L. —, den Hopfen — Humulus lupulus L. —, die Bittersüß — Solanum Dulcamara L. — können einerseits nicht nur die interessantesten Wuchsgebilde (schneckenförmige Verunstaltungen usw.) erzeugen, andererseits aber auch die Holzpflanzen durch Ersticken abtöten.

Mit größtem Bedauern können wir aus den Parkanlagen und Grenzen der Städte und Fabrikorte sowie der Nähe der Fabriken ein Verschwinden

 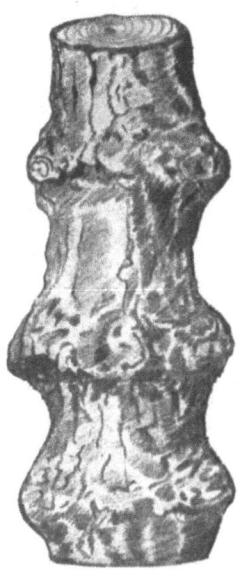

Abb. 57. Blitzspuren (überwallt) an einer Eichenstammscheibe.

Abb. 58. Spechtringel an einer Kiefer, sog. Wanzenbaum.

unserer schönen Nadelbäume beobachten. Es ist dies auf die große Empfindlichkeit des Wintergrüns derselben gegen die bei unseren Heizungen mit Steinkohlen entstehende schweflige Säure zurückzuführen, unter der besonders unsere Fichte stark zu leiden hat.

Die durch Tiere wie Hirsche, Hasen, Mäuse usw. an Holzpflanzen verursachten Beschädigungen wurden bereits erwähnt. Auch der Specht wird durch das Hacken von Löchern in die Stämme oft als Schädling bezeichnet, wenngleich die Meinungen hierüber geteilt sind. In der Regel hackt er solche Löcher nur in kranke von Ameisen und Würmern befallene Bäume; hier zeigt er dem Forstmann einen kranken Baum. Durch Ringeln von Bäumen, vornehmlich Kiefern, entstehen die Spechtringel (Abb. 58), welche Bäume dann vielfach als „Wanzenbäume" bezeichnet werden.

2. Erkrankungen der Holzfaser; Krankheiten des Holzes am stehenden Baume.

Mit den Erkrankungen der Holzfaser ist immer eine Veränderung, Zerstörung bzw. Zersetzung des Holzkörpers verbunden. Diese Erkrankungen können entweder im Innern der Bäume als Wurzel-, Stock-, Stamm- oder Astfäule auftreten, also nur bei genauerer Untersuchung erkenntlich sein, oder sich schon von außen durch Aufwulstung der Rinde, krebsige Geschwülste oder Löcher, Bildung von Pilzen (Fruchtkörpern) an dem Stamme ersichtlich machen. Es ist heute vollständig erwiesen, daß die Zersetzung des Holzkörpers und die dadurch entstehende Fäulnis nur durch Pilzbildungen hervorgerufen werden. Von der sehr großen Zahl der bis jetzt als Holzzerstörer bekannten Pilze können nur die für die Praxis bedeutsamsten und am stehenden Baume am häufigsten vorkommenden besprochen werden.

Je nach der Art der Zerstörung und der Verfärbung des zerstörten Holzes unterscheidet man zunächst eine R o t - und W e i ß f ä u l e.

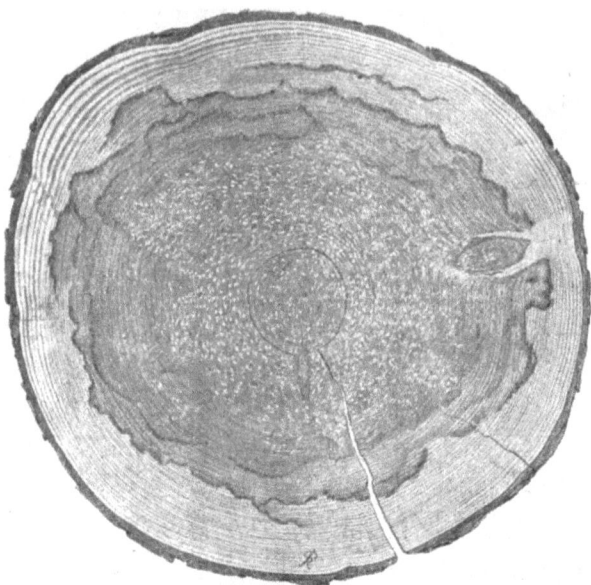

Abb. 59. E i c h e n s t a m m s c h e i b e mit w e i t g e h e n d e r Zersetzung vom Wurzelschwamm (Trametes radiciperda).

Die Rotfäule zeigt sich hauptsächlich als Kernfäule im Innern der Stämme. Das Kernholz nimmt im Verlaufe der Zersetzung eine rötliche bis zimtbraune Farbe an, verliert an Härte, Gewicht und Zusammenhang, bekommt Fäulnisgeruch und zerfällt schließlich in eine leicht zerreibliche, pulverförmige Masse. Da diese Erkrankung vielfach als Kernfäule bei alten Bäumen auftritt, nahm man früher an, daß sie eine Folge hohen Alters oder schlechter Wuchs- und Bodenverhältnisse sei. Genauere Untersuchungen ergaben jedoch, daß diese Krankheit auch ganz junge Stämme und immer gewisse Herde befällt; sie führten zu dem Ergebnis, daß zu den gefährlichsten und am häufigsten auftretenden Rotfäulepilzen an Fichte und Föhre der W u r z e l s c h w a m m — Trametes radiciperda R. H. — (Abb. 59) gehört, welcher das Holz von der Wurzel aus zerstört. Holz von rotfaulen Stämmen ist für Bauzwecke völlig unbrauchbar. Im Möbelfach kann es, wenn die Zersetzung noch nicht zu weit vorgeschritten, als Blindholz für furnierte Arbeiten noch Verwendung finden, da es als totes Holz sich nicht mehr verzieht oder wirft.

Eine an Eichen häufig auftretende R o t f ä u l e e r k r a n k u n g wird durch den Pilz — P o l y p o r u s sulphureus Bull. — erzeugt. Die Erkrankung charakterisiert sich besonders durch das Vorhandensein dicker, weißer M y z e l l a p p e n[1]) in den Gefäßen und Spalten des Holzes.

Die Weißfäule tritt nicht nur in der Mitte des Stammes, sondern auch, und zwar weit häufiger noch als die Rotfäule, in den jüngeren Stammschichten auf. Das mit dieser Krankheit behaftete Holz hat eine matte,

---

1) M y z e l = ein aus feinen Fäden gebildetes Gewebe, welches die Nährstoffe eines Pilzes aufnimmt und verarbeitet.

weißliche bis gelblichweiße Farbe und zumeist einen starken Pilzgeruch. Eine besondere Eigentümlichkeit des frisch vom Stamm genommenen weißfaulen Holzes ist die Erscheinung des Phosphoreszierens.

Zu den gefährlichsten und verbreitetsten Weißfäulepilzen gehören der besonders an Rotbuchen vorkommende „echte Feuerschwamm, Zunderschwamm" — Polyporus fomentarius L. — und der an Eichen, Weiden, Apfelbäumen u. dgl. auftretende „falsche, unechte Feuerschwamm" — Polyporus igniarius L. — (Abb. 60).

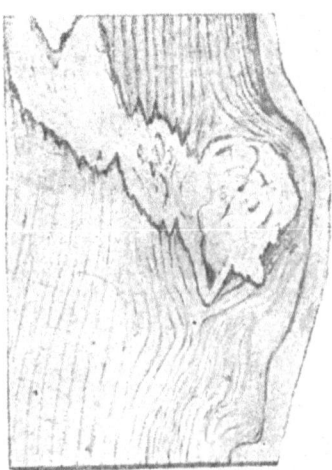

Abb. 60. Vom unechten Feuerschwamm (Polyporus igniarius) zerstörtes Eichenstück. Die Infektion erfolgte durch eine Astwunde.

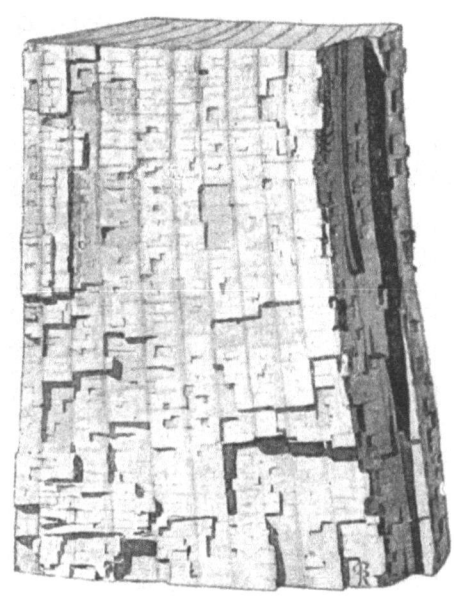

Abb. 61. Durch Polyporus borealis zersetztes Fichtenholz.

Als der gefährlichste Nadelholzschädling, welcher eine Art Weißfäule verursacht, muß der „Hallimasch, Honigpilz" — Agaricus melleus Vahl. — bezeichnet werden. An jüngeren Bäumen gilt als gutes Erkennungsmerkmal einer Hallimascherkrankung, das reichliche Austreten von Harz aus der Rinde, welche Erkrankung unter dem Namen „Harzsticken" bekannt ist. Die im Herbst erscheinenden Fruchtkörper sind als Speisepilze bekannt. Der Pilz besitzt die Fähigkeit, braunschwarze, bis selbst bindfadenstarke, im frischen Zustande leuchtende, mannigfach verzweigte und verwachsene Stränge, die sog. „Rhizomorphen"[1]) zu bilden, welche auch gleichzeitig im Boden für eine Weiterverbreitung des Pilzes von Pflanze zu Pflanze sorgen. Je nach dem Auftreten dieser Rhizomorphen kann man auch heute noch eine rinden- und eine bodenbewohnende Form unterscheiden. Das vom Honigpilz zersetzte Holz zerfällt in lauter kleine Stückchen.

Ein anderer an Fichte vorkommender Pilz, der Polyporus borealis Fr. (Abb. 61), zerlegt das Holz durchgehends in kleine Würfel, während wieder der „Kiefernbaumschwamm" — Trametes pini Fr. — (Abb. 62) eine dem Wurzelschwamm ähnliche Zersetzung, die sog. Ring- oder Kernschäle erzeugt.

---

1) Rhizomorphen = Strangmyzel; dicke, sterile Pilzstränge.

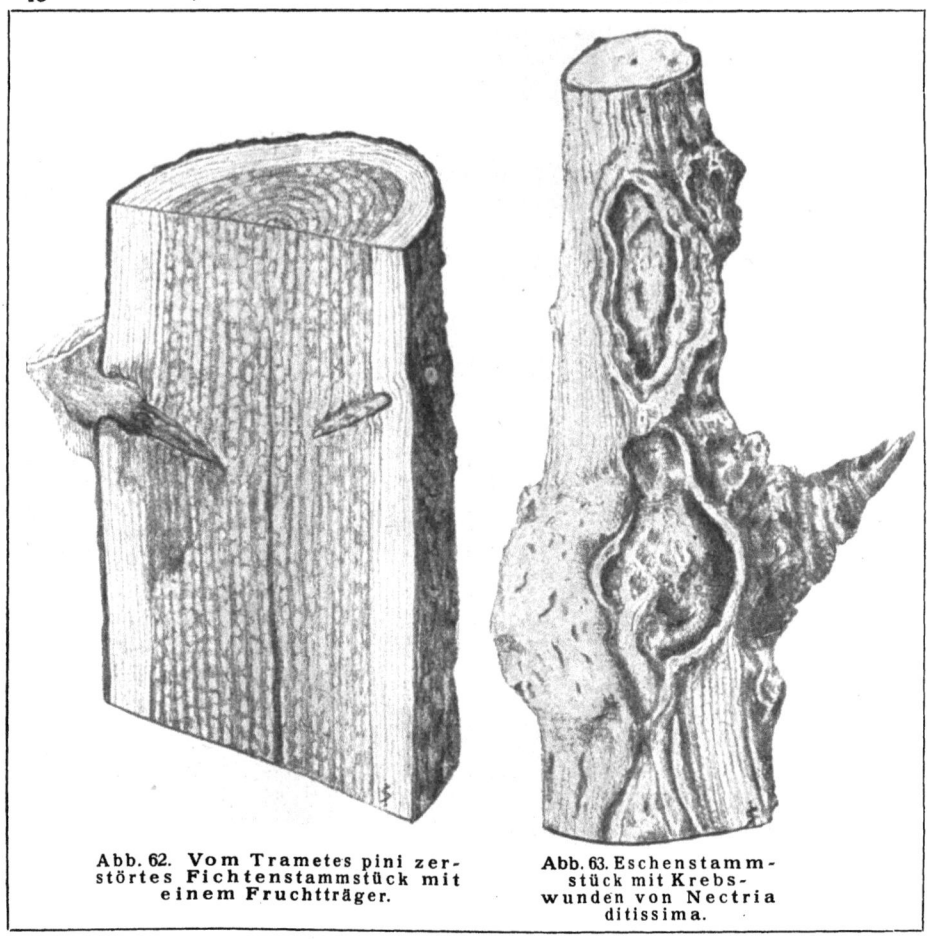

Abb. 62. **Vom Trametes pini zerstörtes Fichtenstammstück mit
einem Fruchtträger.**

Abb. 63. **Eschenstamm-
stück mit Krebs-
wunden von Nectria
ditissima.**

Eine ganz eigentümliche Zersetzung des Eichenholzes, welches im zer-
setzten Zustande als „Rebhuhnholz" bezeichnet wird, wird durch den
Pilz Stereum frustulosum Fries. (= Thelephora Perdix Hartig) erzeugt.

Die Ausdrücke Wurzelfäule, Stockfäule, Kernfäule, Astfäule beziehen sich
auf die Stellen, an denen die Fäulnis auftritt.

Neben der Rot- und Weißfäule kommt auch noch eine **Grünfäule** des
Holzes vor, welche durch den Pilz Chlorosplenium aeruginosum De Not.
erzeugt wird. Der Grünfäulepilz ist zwar kein Parasit lebender Bäume, sondern befällt im Walde liegendes Holz von Buche, Erle, Ahorn, Fichte usw.,
welchem er eine überaus licht- und luftbeständige, leuchtende grüne Farbe
verleiht.

Überständigkeit. Auch im Wachstum des Baumes stellt sich ein Zeit-
punkt ein, in welchem er seine höchste Entwicklung erreicht hat. Wenn
auch nach dieser Zeit sich alljährlich noch ein Jahresring bildet, nimmt
dennoch der Umfang des Stammes nunmehr unbedeutend zu. Je weiter
aber die Überständigkeit fortschreitet, desto schneller geht solches Holz in
eine Art Zersetzung über; es ist zu Bauten und anderen technischen Zwecken

unbrauchbar, in der Möbelschreinerei aber als t o t e s H o l z vielfach noch mit Vorteil zu verwenden.

Krebskrankheiten ergreifen nur einzelne, von den speziellen Krankheitserregern (Pilzen) infizierte Stellen, wobei der übrige Holzkörper in der Regel gesund erscheint.

Zu ihnen gehört der L a u b h o l z - (B u c h e n -) K r e b s — Nectria ditissima Tul. (N. galligena Bres.) — (Abb. 63), welcher namentlich an Rotbuchen und Eschen auftritt; ferner der L ä r c h e n k r e b s — Dasyscypha Willkommii R. Hur. (= Peziza Willkommii); es ist derselbe Parasit, welcher den Untergang zahlloser herrlicher Lärchenbestände in Deutschland, Dänemark, Schottland usw. zur Folge hatte.

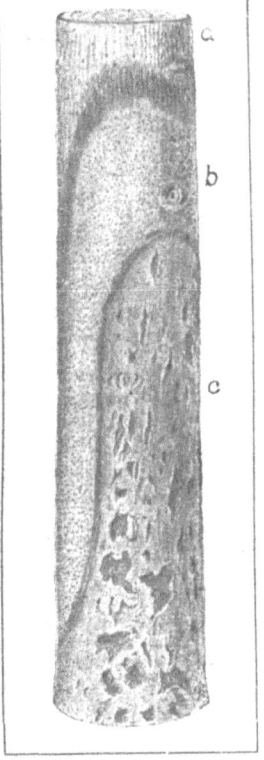

D e r Weißtannenkrebs — Aecidium elatinum Alb. et Schw. — wurde bereits erwähnt.

Eine durch den K i e f e r n r i n d e n b l a s e n r o s t — Peridermium Pini Willd. — verursachte Krankheit der Kiefer heißt „K i e f e r n k r e b s , K i e n z o p f , auch B r a n d"; sie charakterisiert sich am Holze durch einseitiges Dickenwachstum, wobei das Holz vollständig mit Harz durchtränkt und fast durchscheinend erscheint.

Ein besonders gefährlicher Parasit, welcher im Frühjahr ein plötzliches Welken der bereits entwickelten Blätter an Ahorn, Linde u. dgl. verursacht, ist N e c t r i a c i n n a b a r i n a Fr. (Abb. 64), welcher durch seine am unteren Stammteil in der Rinde sitzenden kleinen r o t e n F r u c h t p ö l s t e r c h e n leicht erkenntlich ist.

3. Holzzerstörende Insekten und andere tierische Schädlinge.

In demselben Maße, wie das Holz den pilzlichen Zerstörungen unterliegt, ist es auch den Angriffen und Zerstörungen durch Insekten unterworfen.

Die Beschädigungen der einzelnen Holzarten durch die Insekten können in zweierlei Art erfolgen: Erstens, indem sie das Leben der Holzgewächse bedrohen — p h y s i o l o g i s c h e S c h ä d l i n g e — und zwar insofern, als bei mäßigem Angriff die Bäume kränklich gemacht, bei massenhaftem Angriff getötet werden,

Abb. 64. S t ü c k e i n e s L i n d e n s t ä m m c h e n s , w e l ches von N e c t r i a c i n n a b a r i n a b e f a l l e n. *a* = anscheinend gesundes Holz; *b* = Fruchtpölsterchen von Nectria cinnabarina; *c* = vom abgestorbenen Holzkörper losgesprungene Rindenteilchen.

das Holz selbst aber noch vollständig gesund und brauchbar ist; und zweitens, indem andererseits wieder die Brauchbarkeit bzw. der Holzwert durch Nagen von Bohrlöchern stark beeinträchtigt werden kann — t e c h n i s c h e S c h ä d l i n g e —, obwohl beide Schädigungen auch gleichzeitig auftreten können.

Nach dem Gesundheitszustande der befallenen Pflanzen unterscheidet man weiter primären und sekundären Fraß. Manche Insekten, z. B. die Nonne u. a., befallen durchaus gesunde, vollsaftige Bäume; sie schaden demnach durch Primärfraß. Andere hingegen, wie die Borkenkäfer, befallen ausschließlich oder doch mit Vorliebe nur solche Stämme, welche bereits durch andere Ursachen, wie Raupenfraß, Pilze, Dürre, Rauchbeschädigungen o. dgl. in einen gewissen Krankheits- oder Kümmerungszustand versetzt wurden, in welchem Falle sie als Sekundärfresser auftreten. Treten jedoch die Borkenkäfer in unheimlichen Mengen auf und finden sie kein kränkelndes Holz vor, so können sie dann auch durch Angriffe auf gesunde Hölzer zu Primärfressern werden.

Die Fortpflanzung dieser Insekten erfolgt fast ausschließlich durch Eier. Aus dem Ei entwickelt sich die Larve (Raupe), und aus dieser — bei den meisten Insekten unter Einschaltung eines Ruhezustandes, der Puppe — das fertige Insekt, die Imago. Das Durchlaufen der verschiedenen Entwicklungsstadien wird Metamorphose genannt. Die Überwinterung kann im Ei-, Larven-, Puppen- oder Imagostadium, und zwar sowohl im Erdboden als über der Erde, an und in Holzgewächsen, wie namentlich unter Baumrinden und sonstigen Verstecken erfolgen.

Für die Praxis kann auch die Kenntnis der notwendigen Zeitdauer im normalen Verlauf des Entwicklungsganges der Insekten, so z. B. bei Nage- und Werftkäfern, Holzwespen usw., nicht selten von besonderer Bedeutung sein. Man bezeichnet die Zeit, welche zwischen dem Ei bis wieder zum Ei liegt, als Generation und spricht von einer einfachen oder einjährigen, wenn die volle Entwicklung des Insektes innerhalb zwölf Monaten erfolgt, und von einer mehrfachen oder mehr- (zwei-, drei- usw.) jährigen Generation.

Schädlinge des stehenden Baumes (physiologische und technische Schädlinge).

Die meisten forstschädlichen Insekten, wie auch die schädlichsten Arten derselben, finden sich in den Ordnungen der Schmetterlinge und Käfer.

Schmetterlinge. Hierher gehören die gefährlichsten Forstschmetterlinge, als die Nonne — Liparis (Lymantria) monacha L. —, der Kiefernspinner — Bombyx (Dendrolimus) pini L. —, der Kiefernspanner — Geometra (Bupalus) piniaria L. —, die Kieferneule — Noctua (Panolis) piniperda Panz. — u. a.

Sie alle gehören zu jenen Insekten, welche reichlich Nachkommenschaft erzeugen und im Walde fast immer in größerer oder geringerer Menge zu finden sind. Bei den Forstschmetterlingen ist die Raupe als der alleinige Schädling zu bezeichnen; die Falter ernähren sich sämtlich nur von Blütenhonig, sie werden nur durch die zahlreiche Eierablage gefährlich, aus welcher sich dann die verschwenderisch fressenden Raupen entwickeln, welche täglich oft das mehrfache ihres eigenen Gewichtes zu verzehren imstande sind. Der von ihnen verursachte Schaden ist mit ganz geringen Ausnahmen ein rein physiologischer.

Die Nonne, das zweifellos gefährlichste Insekt unserer schönen Wälder, bevorzugt im allgemeinen die Fichte.

Den furchtbaren Verheerungen dieses Forstschmetterlings steht der Mensch zumeist fast machtlos gegenüber, wenn er nicht wieder aus dem Tierreich, so vornehmlich durch die Raupenfliegen (Tachinen), deren forstliche Bedeutung allem Anschein nach weit größer ist, als allgemein angenommen wird, Hilfe bekäme.

Auch Krankheiten, so die als „Schlafsucht" bezeichnete „Wipfelk rankheit", kann glücklicherweise einer Nonnenkalamität hin und wieder Einhalt tun.

Zu den indirekten Vertilgungsmitteln der verschiedenen Raupenarten gehört das Anlegen der Leim ringe. Zur Herstellung der Ringe wurde früher Steinkohlenteer oder Holzteer verwendet, welcher jedoch den Nachteil des schnellen Eintrocknens hatte.

Der heute hergestellte R a u penleim ist eine Mischung von Kienteer mit Harz und Holzessig oder mit Ölschleim, Harz, Leinöl u. dgl. Die guten Fabrikate dieser Art besitzen eine große Klebkraft, sie sind für starkborkige Hölzer wie Kiefer, Lärche und Fichte, wenn beim Röten mit dem Messer nicht bis zum lebenden Rindengewebe vorgedrungen wird, ohne Nachteile zu verwenden. Empfindlich gegen das Leimen ist die Tanne; am empfindlichsten von den Laubhölzern sind aber die Ahornarten, während ältere Buchen, Eichen, Ulmen und die Obstbäume ohne Nachteil geleimt werden können.

Käfer. Unter den Käfern schaden die wirtschaftlich beachtenswertesten Arten zumeist s e k u n d ä r, wenngleich sie, wie schon erwähnt, in der Not auch zu Primärfressern werden können.

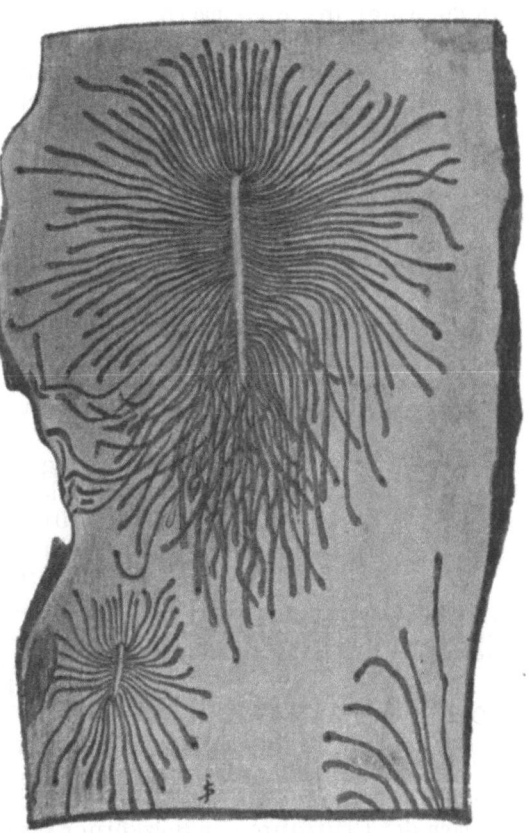

Abb. 65. Rindenstück einer Ulme mit Fraßfiguren des kleinen Ulmensplindkäfers Scolytus multistriatus.

Zum Unterschiede von den Schmetterlingen, bei welchen nur die Raupe als Schädling auftritt, schaden bei allen Borkenkäfern, einigen Rüsselkäferarten sowie beim Maikäfer sowohl das fertige Insekt, als die Larve, bei anderen Rüsselkäferarten nur allein das fertige Insekt.

Zum eigentlichen Entwicklungsgang der Käfer wäre zu erwähnen, daß sie für gewöhnlich in den ersten wärmeren Frühlingstagen ihre winterlichen Schlupfwinkel verlassen und die Eier oft in sehr großer Zahl in die Rinden und Ritzen der verschiedenen Bäume legen. Die bald nachher auskriechenden Larven bilden sich Gänge, d. h. sie bohren sich entweder in die Rinde, den Bast oder auch in den Holzkörper ein.

Viele Käferarten, vor allem die Borkenkäfer, bohren sich zum Zwecke der Eierablage selbst in die Rinde, höhlen unter derselben einen oft längeren Gang, den eigentlichen „Muttergang" aus, und legen dorthinein ihre Eier.

Die auskriechenden Larven machen dann von hier aus nach verschiedenen Richtungen geschlängelte Gänge von vielfach sehr interessanten Formen (Abb. 65). An den erweiterten Enden dieser Gänge findet dann die Verpuppung statt — Puppenwiege —, von wo aus dann nach dem Ausschlüpfen sich die Käfer ins Freie nagen.

Je nach der Art der Beschädigungen, d. h. ob die Käfer oder Larven nur in der Rinde (Borke), in dem Bast, dem Splint oder selbst in das Kernholz eindringen, werden sie auch als Borken-, Bast-, Splint- oder Kernholzkäfer bezeichnet.

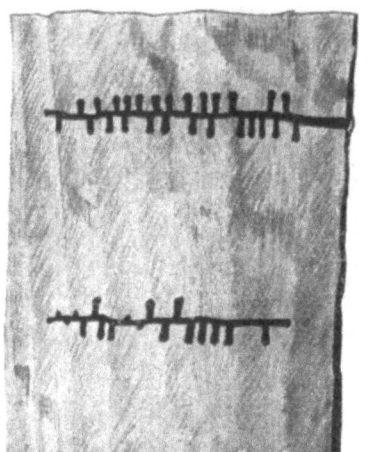

Abb. 66. Leitergang des Nutzholzborkenkäfers Tomicus lineatus mit Mutter- u. Larvengängen.

Borkenkäfer. Zu ihnen gehören die gefährlichsten Forstschädlinge, welche ihre Eier stets in Muttergänge legen. Die Fraßfiguren entstehen deshalb meist durch Zusammenwirken von Mutterkäfern und Larven.

Je nachdem die Borkenkäfer ihre Muttergänge in der Rinde oder der Grenze zwischen Rinde und Holz oder ausschließlich im Holze anlegen, werden sie als Rindenbrüter und Holzbrüter bezeichnet.

Völlig ausgetrocknetes Holz wird von den Borkenkäfern gemieden. Die Larven der holzbrütenden Borkenkäfer nagen keine oder nur sehr kurze Larvengänge (Abb. 66). Bei ihnen tritt die feste Nahrung überhaupt zurück, sie sind hier auf den Holzsaft und auf den in den Brutröhren unter Mitwirkung der Käfer gezüchteten Pilzrasen, welcher als „Ambrosia"[1]) bezeichnet wird, angewiesen.

Der Schaden, welchen die Borkenkäfer verursachen, besteht in der Zerstörung der saftleitenden Gewebe und damit in Herbeiführung eines schnelleren oder langsameren Absterbens der angegriffenen Holzpflanzen; er ist deshalb hauptsächlich ein physiologischer. Bei den Holzbrütern tritt durch Anlegen der Brutröhren im Holzkörper eine Wertminderung des Holzes ein, wodurch ein technischer Schaden entsteht.

Unter den rindenbrütenden Borkenkäfern befinden sich Schädlinge allererstem Ranges und steht vor allem der große achtzähnige Fichtenborkenkäfer, auch Buchdrucker genannt — Tomicus (Ips) typographus L. —, an erster Stelle. Er schadet physiologisch als Käfer und Larve und ist der gefährlichste Käfer in den Fichtenwaldungen.

Von größter Bedeutung sind weiter der krummzähnige Tannenborkenkäfer — Tomicus (Ips) curvidens Germ. —, dessen Fraß sich auf Rinde und Bast erstreckt, ferner der sechszähnige Fichtenborkenkäfer, auch Kupferstecher genannt — Tomicus (Pityogenes) chalcographus L. — und noch viele andere.

Als Stamm und Äste bewohnende Rindenbrüter der Laubhölzer sind von besonderer Bedeutung der große und kleine Ulmensplintkäfer

---

1) Vgl. „Die pilzzüchtenden Borstrychiden" von Prof. Dr. W. Neger. Naturwissenschaftl. Zeitschrift für Forst- und Landwirtschaft. 1908, Heft 5.

— Scolytus (Eccoptogaster) Geoffroyi Goetze und Scol. (Eccopt.) multistriatus Marsh. — (Abb. 65), der kleine bunte Eschenbastkäfer — Hylesinus Fraxini Fabr. —, welch' letzterem die Entstehung der rosettenartigen, krebsähnlichen Grindstellen, die sog. „Eschenrosen", zuzuschreiben ist, u. a. m.

Als Stammbrüter schadet der große Kiefernmarkkäfer „Waldgärtner", — Hylesinus (Myelophilus) piniperda L.

Die im Holz brütenden Borkenkäfer sind als technische Schädlinge zu bezeichnen; die Fraßbilder stellen Leitergänge dar (Abb. 66). Die bekanntesten sind der linierte Nadelholzbohrer oder Nutzholzborkenkäfer — Tomicus (Xyloterus) lineatus Oliv. —, welcher mit Vorliebe unentrindet liegende Bäume angeht, solange dieselben noch genügend Feuchtigkeit besitzen, wie auch der Buchennutzholzborkenkäfer — Tomicus (Xyloterus) domesticus L. —, welcher nebst der Buche auch alle anderen Laubhölzer wie Eiche, Ahorn, Birke usw. befällt.

Rüsselkäfer. Dieselben sind Erbfeinde unserer Kulturen, so vor allem der große braune Rüsselkäfer — Hylobius abietis L. —, welcher nur als Käfer durch seinen Fraß an

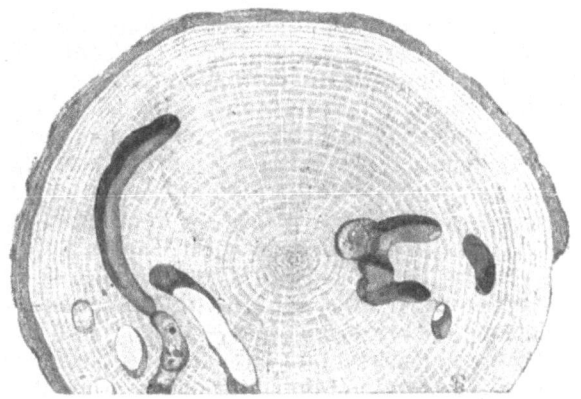

Abb. 67. Querschnittscheibe eines gesunden Eichenstammes, vom großen Eichenbock, Cerambyx cerdo, durchsetzt.

jungen Nadelhölzern schadet und dem deshalb eine außerordentlich hohe wirtschaftliche Bedeutung zukommt, während der Harzrüsselkäfer — Pissodes Harcyniae Hbst. — hauptsächlich als Larve schadet.

Bockkäfer. Die Schädlichkeit der Bockkäfer beruht — wenigstens bei den europäischen Arten —, nur im Larvenfraß und kann derselbe für Nadel- wie Laubhölzer sowohl ein physiologischer als auch technischer sein.

Als Laubholzbrüter kommen in Betracht:

Der große Eichenbockkäfer — Cerambyx cerdo L. — (Abb. 67). Er wird in erster Linie technisch dadurch schädlich, als seine oft 6—8 cm lange Larve, der sog. „weiße große Wurm", das gesunde Holz nach allen Richtungen in fingerdicken geschlängelten Gängen bis tief in das Kernholz hinein durchwühlt. Die Larve scheint als solche 3—4 Jahre zu leben.

Der Eichenbockkäfer ist nicht mit dem Hirschkäfer, Feuerschröter — Lucanus cervus L. — zu verwechseln, welch' letzterer für das Holz völlig unschädlich ist.

Der große Pappelbockkäfer — Saperda carcharis L. —, welcher alle Pappelarten, vornehmlich aber Aspe und Schwarzpappel befällt. Die Larven durchwühlen das Holz in aufrechten langen Gängen, die bis zur Markröhre eindringen. Die Generation ist zweijährig.

Der kleine Pappelbockkäfer — Saperda populnea L. — ist als großer Schädling junger Aspen bekannt.

Der Weberbock — Lamia textor L. —, dessen Larve in älteren Weiden-

stöcken frißt, ist unter dem Namen „Holzwurm" in Weidenhainen gefürchtet.

In der Gruppe der Nadelholzbrüter sind besonders schädlich:
Der zerstörende Fichtenbockkäfer — Cerambyx (Tetropium) luridus
L., (Callidium luridum L.), — welcher vorwiegend Fichte befällt, aber auch
in Kiefer und Lärche vorkommt. Sein Larvenfraß ist an einem plötzlich nach
abwärts zur Puppenwiege führenden Hakengange leicht kenntlich.

Ein in die Gruppe der Holzbohrer gehöriger Schmetterling, dessen oft
7—9 cm lange, fingerdicke, braunrot gefärbte und stark nach Holzessig riechende
Raupe nicht nur kränkelndes, sondern auch ganz gesundes Holz von Weiden, Birnbäumen, Buchen, Birken, Linden, selbst Eichen durch seine Gänge
stark entwerten kann und selbst Bäume abzutöten vermag, ist der Weiden-
bohrer — Cossus cossus L. — (= ligniperda Fabr.)

Die in Deutschland vorkommenden Prozessionsspinner, und zwar der
Eichenprozessionspinner — Cnethocampa (Thaumetopoea) processionea
L. —, sowie der Kiefernprozessionsspinner — Cn. (Thaum.) pinivora
Tr. — können zwar, durch den Fraß ihrer Raupen die benannten Holzarten
physiologisch schädigen, bedeutungsvoller und wirtschaftlich unangenehmer
ist jedoch die Verseuchung der befallenen Reviere durch die in bezug auf
„Giftwirkung" besonders auffälligen Spiegelhaare der Raupen.

Zu den technisch schädlichen, holzzerstörenden Insekten gehören ferner
die gemeine oder stahlblaue **Fichtenholzwespe** — Sirex juvencus L. —
und die **Riesenholzwespe** — Sirex gigas L. —, von denen namentlich die
letztere vorherrschend in Fichte und Tanne lebt. Faules Holz, sowie vollständig gesunde stehende Bäume werden von ihnen nicht angegangen. Die
letztere Gattung bevorzugt vor allem stärkeres Holz; sie kommt daher nicht
selten im Bauholz vor und wird mit diesem in die Häuser verschleppt. Dort
kann sie sich, da die Generation mehrjährig, zum Schrecken der Besitzer
nach ein- bis zweijähriger Fertigstellung des Baues recht unangenehm be-
merkbar machen.

Von den **Ameisen** können die beiden Riesenameisen — Formica (Cam-
ponotus) ligniperda Latr. und F. (Campon.) herculeana L. — dadurch technisch schädlich werden, als sie oft vollkommen gesunde, starke, stehende
Stämme von Fichten und Tannen selbst bis auf 10 m Höhe von unten her
in der Jahresringrichtung konzentrisch aushöhlen. Die Fortsetzung der Zerstörung besorgt dann durch Einschlagen großer Löcher zumeist der Schwarz-
specht.

Schädlinge des gefällten, gelagerten und des bereits verarbeite-
ten Holzes. Technische Schädlinge.

Die größte wirtschaftliche Bedeutung für die Praxis haben die **Werft-** und
Nagekäfer wegen der technischen Schäden, welche sie gelagerten und ver-
arbeiteten Hölzern zufügen.

Der gefürchtetste Eichenholzschädling auf Holzplätzen und Schiffswerften
ist der Schiffswerftbohrkäfer, Matrose — Lymexylon navale L. —. Der
Käfer geht schon im Walde anbrüchige Eichen, jedoch niemals gesunde Stämme an, kann vom Walde auf die Holzlagerplätze verschleppt werden und
pflanzt sich hier in nicht luftig gelagertem Holze fort.

Sehr gefährliche Holzzerstörer aus der Gruppe der Nagekäfer sind der
langrippige Kammhornbohrkäfer — Ptilinus pectinicornis L. — und

der gerinnte Splintkäfer, auch Holzkanaille genannt — Lyctus uni-punctatus Hbst. (L. canaliculatus Fabr.). Beide Insekten greifen nur ausge-trocknetes, nicht luftig gelagertes Werkholz von Buche, Erle, Birke, Ahorn, Weißbuche, Nußbaum sowie vornehmlich den Eichensplint an, wie von ihnen mit Vorliebe die aus diesen Holzarten hergestellten Möbel befallen werden.

Die eigentlichen Schädlinge dieser Insekten sind die Larven. Ihr Vorhanden-sein verraten diese Schädlinge erst, wenn die fertigen Käfer zum Heraus-kriechen aus dem Holze kreisrunde Löcher in die Oberfläche desselben bohren, wobei sich bei ruhenden Gegenständen unterhalb der Bohrlöcher kleine Häuf-chen von Bohrmehl zeigen, ein sicheres Zeichen, daß die Käfer ihre Verstecke bereits verlassen.

Im abgestorbenen Holze, dem Gebälk alter Häuser, in Türstöcken, Möbeln u. dgl. finden sich die **Klopfkäfer,** und zwar die e i g e n t l i c h e n P o c h k ä f e r — Anobium pertinax L. — und A. domesticum Fourc. —, beide auch unter dem Namen „T o t e n u h r e n" bekannt, da sie in ihren Gängen durch Anschla-gen ihrer Stirn gegen das Holz ein dem Ticken der Taschenuhr ähnliches Geräusch erzeugen.

Der gefährlichste Feind aller berindeten Nadelholzstücke, Holzsammlungen, Herbarien usw. ist A n o b i u m m o l l e L.

Ein bekannter Schädling bearbeiteter und in Gebäuden verbauter Nadel-holzbalken, sowie der Möbel aus Kiefern-, Fichten- und Tannenholz ist d e r H a u s b o c k — Callidium bajulus L.

Zu den gefürchtetsten Holzzerstörern der Tropengegenden, welche aber auch schon nach Südfrankreich verschleppt wurden, gehören die v e r s c h i e - d e n e n **Termitenarten,** auch fälschlich „w e i ß e A m e i s e n" genannt. Sie sind ein Schrecken der heißen Länder, da sie scharenweise, jedoch vielfach ganz unbemerkt, in die menschlichen Wohnungen eindringen, dort alles Holzwerk zerstören, indem sie es innen völlig zerfressen, die äußere Oberfläche aber verschonen, so daß scheinbar unverletzte Gegenstände bei der geringsten Erschütterung zusammenbrechen.

Den T e r m i t e n widersteht keine europäische Holzart; nach verschiedenen, sich allerdings oft widersprechenden Angaben verschiedener Tropenforscher, sollen sie jedoch einige Hölzer, wie die Eisenholzarten, das Quebrachoholz und einige Eukalyptusarten wegen ihrer Härte verschmähen und auch das Kampferholz, das Teakholz und andere ebenfalls starkriechende Hölzer meiden.

Auch im Meerwasser finden wir einige, nicht zu den Insekten gehörige, dem Holze jedoch sehr gefährliche Tiere. Es sind dies z w e i k l e i n e K r e b s e, und zwar d i e B o h r a s s e l — Limnoria lignorum Rathk. — und d e r B o h r f l o h - k r e b s — Chelura terebrans Phil. —, welche namentlich in Hafenbauten vielen Schaden anrichten.

Die gefährlichsten Feinde alles im Meerwasser befindlichen Holzes sind aber W e i c h t i e r e — Molluscen —, welche der G a t t u n g T e r e d o angehören und für gewöhnlich fälschlich als „B o h r w ü r m e r" bezeichnet werden. Die in Europa gefürchtetste Art ist der g e m e i n e **Schiffsbohrwurm** — Teredo navalis L. —, welcher in unseren Meeren heimisch ist und nicht, wie man früher glaubte, aus tropischen Meeren eingeschleppt wurde. Zunächst ist mit Sicherheit noch keine Holzart, weder einheimische noch fremdländische be-stimmt, welche gegen die Angriffe des Meerbohrwurmes gesichert ist. Die-ses gefürchtete Weichtier hat die Gestalt eines Regenwurmes, wird bis zu 25 cm und noch mehr lang und steckt in einer nach innen erweiterten

Kalkröhre, die sich durch Hautabsonderungen des Tieres bildet. Der Bohrwurm kommt nur im Meerwasser vor; im Süßwasser und im Brackwasser — einem Gemisch von Süß- und Salzwasser an den Flußmündungen —, ist er nicht zu finden.

IV. Die Holzfällung, der Holztransport und die Aufarbeitung der gefällten Hölzer.

Die Fällzeit des Holzes.

Wie bereits erörtert, ist die Saftbewegung im Baume je nach der Jahreszeit verschieden; sie ist am lebhaftesten im Frühjahr und im Spätsommer und ruht am meisten im Winter. Es ist deshalb leicht verständlich, daß die geeignetste Zeit zum Fällen des Holzes der Winter, und zwar in den Monaten November, Dezember und Januar ist.

Das während dieser Zeit, also im Winter geschlagene Nadelholz kann unbeschadet seiner Güte bis zum nächsten Frühjahr in der Rinde verbleiben, wodurch es zwar langsamer, aber insofern besser austrocknen kann, als es trotz der nun folgenden trockenen Frühjahrsmonate wenige und nicht tiefgehende Schwindrisse (Luftrisse) bekommt.

Das im Sommer gefällte Holz, welches in der Regel nach der Fällung sofort entrindet wird, wird bei der dadurch bedingten rascheren Austrocknung bei größerer Wärme mehr und tiefer gehende Schwindrisse erhalten, welche offene Eingangspforten für die zahlreichen im Walde vorkommenden Fadenpilze bilden. Desgleichen wird das Holz der Sommerfällung, oder richtiger gesagt, das in der Saftzeit geschlagene Holz — bei ungenügender Austrocknung — viel rascher dem Insektenfras und der Entwicklung von Fäulnispilzen erliegen, als das zu entgegengesetzter Zeit gefällte; denn die in der Zeit des Safttriebes im Holze enthaltenen verschiedenen Kohlehydrate, so vor allem Eiweiß und Stärke, bilden die besten Nährquellen für Insekten und Pilze aller Art.

Diese Umstände berechtigen zu der Annahme, daß das Fällen des Holzes im Winter viel für sich hat, und wo es sich ausführen läßt, auch eingehalten werden sollte.

Andere Umstände machen jedoch bisweilen eine andere Fällungszeit als im Winter notwendig. So verhindern im Hochgebirge die klimatischen Verhältnisse eine Winterfällung. Man kann sagen, daß fast alles aus dem bayrischen Hochgebirge, dem Schwarzwald und einigen anderen Hochlagen stammende Holz im Sommer gefällt wurde; die Erfahrungen zeigen aber, daß dieses im Sommer geschlagene Holz keineswegs geringere Qualität als Winterholz besitzt. Desgleichen erfordern verschiedene spezielle Verwendungsarten, wie z. B. die Fabrikation der gebogenen Möbel, verschiedene Imprägnierungsmethoden, die Gewinnung der Lohrinde sowie der vorliegende Zweck bei einigen Spaltgewerben eine Sommerfällung. Es ist z. B. durch Versuche erwiesen, daß im Sommer gefälltes Eschenholz sich leichter biegen läßt; dagegen muß das Eschenholz, an welches höhere Ansprüche in bezug auf Elastizität gestellt werden, wie dies beispielsweise für verschiedene Wagnerhölzer, Turngeräte u. dgl. der Fall ist, unbedingt im Winter geschlagen werden.

Durch einen tausendjährigen Streit werden die Qualitätsunterschiede zwischen Sommer- und Winterholz zweifellos übertrieben hoch angeschlagen.

Wenn unter anderem behauptet wird, daß Winterholz gegen Schwammgefahr widerstandsfähiger sei als Sommerholz, daß ferner bei abnehmendem Monde gefälltes Holz eine größere Dauerhaftigkeit besitze als bei zunehmendem Monde geschlagenes u. a. m., so fehlt für alle diese Behauptungen jeder Beweis; sie erscheinen auch gar nicht wahrscheinlich.

Im engsten Zusammenhange mit der Frage, ob dem im Winter oder Sommer gefällten Holze der Vorzug zu geben sei, oder ob die Hölzer beider Fällungszeiten gleichwertig sind, steht die **Behandlung des Holzes nach der Fällung.** Und hier kann ruhig behauptet werden, daß nur im Falle **unrichtiger Behandlung** und **ungenügender Austrocknung** das Sommerholz dem Winterholze nachstehen wird.

Abb. 68. Baumfällen.
1 = mit der Axt zugehauene Kerbe;
2 = Sägeschnitt.

Auf Grund einer bloßen Augenscheinnahme ist es nur in einigen Fällen möglich, zu bestimmen, ob ein Holz in der Zeit der Saftruhe oder in der des Safttriebes gefällt wurde. Bei unseren Nadelhölzern kann, sowohl bei Rund- und Schnittholz, mit ziemlicher Sicherheit auf eine Winterfällung geschlossen werden, wenn sich an den Stämmen oder Brettern die Rinde nicht glatt abnehmen läßt, oder wenn an den entrindeten Stämmen, sowie an der Waldkante der einzelnen Bretter noch Bastteilchen haften.[1])

Fällungsarten.

Je nachdem beim Fällen der Bäume nur die **oberirdische Holzmasse,** oder mit dieser auch das **Wurzelholz** gewonnen werden soll, wird die Fällung auch verschiedentlich bewerkstelligt.

Die Gewinnung der **oberirdischen Holzmasse,** also vor allem des Stammholzes, erfolgt entweder mit der **Axt** oder mit der **Säge,** oder auch unter Anwendung **beider Werkzeuge,** wie in neuerer Zeit auch bereits **Baumfällmaschinen** in Verwendung sind.

Das gebräuchlichste und meist angewandte Verfahren ist das **Fällen mit Axt und Säge** (Abb. 68). Hierbei wird auf der Seite der Fallrichtung möglichst tief am Boden eine Kerbe eingehauen. Von der entgegengesetzten Seite wird hierauf der Stamm mit der Säge, für gewöhnlich etwas schräg nach abwärts, so eingeschnitten, daß der Sägeschnitt auf die größte Tiefe der Kerbe zugeht. Um nun einerseits das Einklemmen des Sägeblattes zu verhindern, andererseits aber das Fällen des Stammes nach einer bestimmten Richtung zu ermöglichen, werden, sobald es angeht, hinter der Säge zwei Keile in den Sägeschnitt eingetrieben. Durch das stärkere Anziehen des einen oder anderen Keiles läßt sich bei windstillen Tagen mit ziemlicher Sicherheit die Fallrichtung des Baumes bestimmen.

---

1) Vgl. „Die Untersuchung des Holzes auf seine Fällzeit" von Jos. Großmann; „Die Holzwelt", Ullsteins Verlag Nr. 24, 1916; sowie „Gegensätze in der Beurteilung von Sommer- und Winterholz", Holzwelt Nr. 25, 1916.

Für die Holzfällung sind Tage mit heftigem Wind ungeeignet; auch große Kälte ist ungünstig, da gefrorenes Holz große Sprödigkeit besitzt, infolgedessen die Stämme beim Auffallen leicht zerspringen (Prellbrüche).

Die Gewinnung der ober- und unterirdischen Holzmasse erfolgt durch Roden, und zwar sowohl durch das Baum- wie Stockroden.

Das Baumroden, welches namentlich bei flachwurzelnden, sowie bei jenen Holzarten zur Anwendung kommt, deren Stockholz als Nutzholz Verwendung findet, wie dies vornehmlich beim Nußbaum der Fall, dessen Stockholz die schönste Maser- und Fladerbildung zeigt, erfolgt durch allmähliches Untergraben und Ablösen des Wurzelwerkes. Vielfach finden hierzu schon eigens konstruierte Baumfällapparate oder auch sog. Baumrode- bzw. Stockrodemaschinen, durch welche der Baum oder Stock samt dem Wurzelwerk aus dem Boden gehoben wird, Verwendung.

Das Stockroden, welches mit der zunehmenden Verteuerung der Arbeitslöhne an Bedeutung verloren hatte, kommt heute, bei den hohen Kohlen- und Brennholzpreisen, zur Gewinnung von Brennholz wieder zu starker Geltung. Bei größeren Waldbetrieben erfolgt die Zertrümmerung der Stöcke vielfach durch Sprengung mit Pulver oder Dynamit oder auch unter Anwendung der Sprengkapseln, Sprengschrauben u. dgl.

Der Holztransport.

Beim Holztransport muß eine Unterscheidung gemacht werden zwischen der Beförderung des Holzes innerhalb des Forstes zu einem geeigneten Sammelplatz und dessen Weiterbeförderung zum Sägewerk, zur Wasserablage, zur Eisenbahn o. dgl.

Das Sammeln des Holzes im Forste selbst (Rücken), wird bei kleineren Holzmengen sowohl durch menschliche und tierische Kräfte bewerkstelligt. Zur Fortschaffung größerer Holzmengen finden jedoch maschinelle Einrichtungen Anwendung und kann man hier in oft ausgedehntestem Maße sog. Waldbahnen mit Pferde- und Lokomotivbetrieb finden.

Am billigsten und wo es angeht auch am vorteilhaftesten ist der Transport unserer Nadelhölzer auf Wasserläufen. Schon kleine Flüsse und selbst Bäche werden zur Holzbeförderung und zwar vor allem durch das Triften der einzelnen Stücke herangezogen. Auf größere Entfernungen sowie auf größeren Flüssen und Strömen geschieht der Transport des Holzes durch Flößen, wobei die Stücke nicht einzeln, sondern in großer Zahl zu einem sog. Floß verbunden, dem Wasser übergeben werden.

Durch das Flößen findet eine Lösung und Verdrängung der im Holze enthaltenen löslichen und seine Dauerhaftigkeit beeinträchtigenden stickstoffhaltigen Stoffe statt. Geflößtes Holz ist nicht nur wesentlich dauerhafter, sondern wird auch von Insekten weniger gern angegangen.

Allerdings erfordert geflößtes Holz, sobald es dem Wasser entnommen, eine viel sorgfältigere Behandlung und ein rascheres Schneiden und Trocknen als ungeflößtes. Die Unterlassung dieser Vorsichtsmaßregel hat eine raschere Erkrankung des Holzes zur Folge, was auch mit die Ursache sein dürfte, daß heute noch von vielen Seiten daß Flößen als schädlich für das Holz bezeichnet wird.

Durch längeres Liegen der entrindeten Stämme im Walde gelangen in die durch ein rascheres Austrocknen entstehenden oft tiefgehenden Schwindrisse nicht selten die Keime der verschiedensten im Walde vorkommenden

Fäulnispilze in das Innere des Holzkörpers. Beim Flößen solchen Holzes schließen sich durch das Vollsaugen des Holzes mit Wasser diese Risse wieder vollständig. Wird nun solches Holz nach dem Herausnehmen aus dem Wasser rasch geschnitten und getrocknet, so kann ein weiterer Schaden nicht entstehen, da durch die Austrocknung die Entwicklung der Pilze gehemmt wird. In der Regel bleiben jedoch diese mit Wasser vollgesaugten Stämme oft zu Hunderten übereinandergelagert längere Zeit, selbst bei heißer Witterung, am Lagerplatz liegen. Hier kommen nun die im Innern des Holzkörpers sich befindlichen Pilzsporen zur Entwicklung und erzeugen dann an den Enden der Schwindrisse, mitten im gesunden Holze Faulstellen, deren Entstehung sich viele Praktiker nicht erklären können (Abb. 69). Also auch hier ist weder die Fällzeit noch das Flößen, sondern lediglich die Art der Behandlung nach dem Fällen und Flößen für die Dauerhaftigkeit und Gesunderhaltung des Holzes maßgebend.

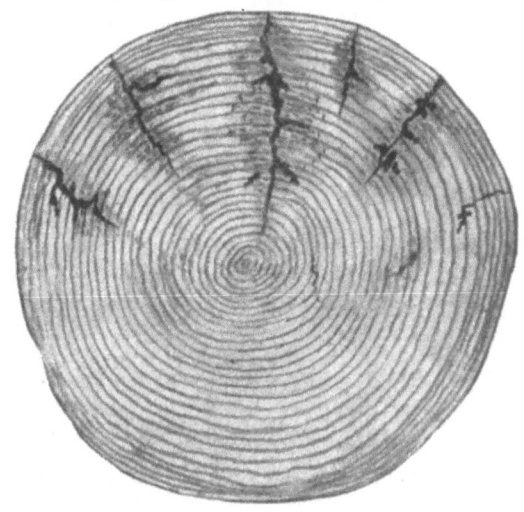

Abb. 69. Im Stand vollkommen gesunde Fichte, mit Faulstellen im Innern des Holzes, durch Pilzkeime hervorgerufen, welche durch Sonnenrisse in den Holzkörper gelangt, wobei das Holz nach dem Flößen nicht rasch genug geschnitten wurde.

In letzter Zeit wurden sowohl in Amerika als auch in Schweden vielfach Riesenflöße gebaut, welche durch Schleppdampfer gezogen, die Hölzer weite Strecken über das Meer transportierten. Derartig geflößtes Holz ist nach dem Herausnehmen aus dem Wasser, wenn überhaupt, so nur außerordentlich schwierig zu trocknen und kann zu Möbeln keine Verwendung finden, da es absolut nicht leimfest ist. Der Grund hierfür ist darin zu suchen, daß der Leim, welcher zu den Eiweißstoffen gehört, durch Kochsalz bzw. das im Meerwasser in unterschiedlichen Mengen enthaltene Chlormagnesium, in lösliche nicht mehr erhärtende Verbindungen übergeführt wird, wozu auch noch die stark hygroskopische Wirkung dieser Salze kommt, welche dem Erhärten des Leimes gleichfalls entgegenwirken. Nur ein längeres Auslaugen derartigen Holzes in stark fließendem Süßwasser kann dasselbe evtl. für Möbelzwecke wieder verwendbar machen.

Die Lagerung und Behandlung der Rundhölzer.

Die Lagerung und Behandlung der gefällten Hölzer erfordert große Sachkenntnis.

Als Lagerplatz für diese Hölzer ist nicht jeder freie Platz ohne weiteres geeignet. Derselbe soll vielmehr möglichst luftig, schattig und nach Norden gelegen sein, darf aber nicht von trockenen Winden bestrichen werden; er soll ferner tiefgründigen, kieseligen, sandigen oder Geröllboden haben. Um die Bodenfeuchtigkeit hintanzuhalten, sollten die Stämme niemals auf den bloßen Erdboden, sondern auf Unterlagen zu liegen kommen. Bessere Stammhölzer sind, wenn eine längere Lagerung notwendig, womöglichst einzeln oder doch in gleichlaufenden Entfernungen übereinder zu stapeln, wobei alle Vorkehrungen für ungehinderten Luftzutritt zu treffen sind.

Edlere Stammhölzer wie z. B. Eichen, Ahorn, Buchen, Eschen u. dgl. verlangen noch im einzelnen eine besondere Behandlung. Würde man grünes

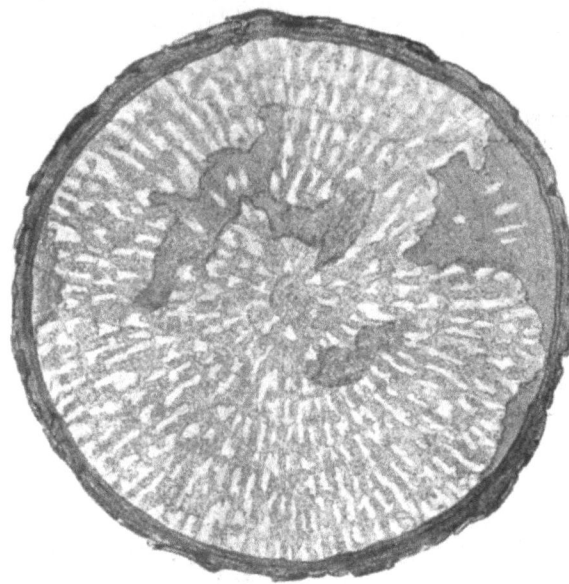

Ahorn-, Weiß-, Rotbuchen- und Erlenholz nach dem Fällen bei wärmerer Witterung auch nur einige Zeit in der Rinde liegen lassen und so am rascheren Austrocknen hindern, würde schon nach kurzer Zeit das Buchen- und Erlenholz ersticken (Abb. 70) (weiß anlaufen), das Ahornholz grau und fleckig werden. Diese Hölzer sind deshalb möglichst rasch zu schneiden, wo dies nicht angeht, aber zu entrinden, während Eichenholz, auch Ulme und Esche unbeschadet einige Zeit in der Rinde lagern können. Bei vollständiger Entrindung

Abb. 70. Ersticktes Erlenholz.

geht zwar die Austrocknung aber auch das Reißen des Holzes rascher vonstatten. Man pflegt deshalb diese Stämme, so vor allem Wagnerhölzer, nicht vollständig sondern spiralig, d. h. in einer Schraubenlinie zu entrinden, welchen Vorgang man als ringeln, berappeln, beplätteln u. dgl. bezeichnet. Erfahrungsgemäß trocknen, wegen gleichmäßigerer Luftzirkulation, gestellte Hölzer besser und rascher als liegende; es empfiehlt sich deshalb, wo es angeht, die Aufstellung der Hölzer. Die häufig empfohlene Aufstellung der Hölzer mit dem Zopfende — dem schwächeren oberen Teil des Stammes — nach unten, und dem Stockende — dem stärkeren unteren Teil des Stammes — nach oben, bietet gar keine Vorteile.

Die Entstehung der Trockenrisse läßt sich bei kürzeren Stücken, z. B. gewissen Wagnerhölzern, oft durch Ausbohren der Stammitte — des Markteiles — auf ein Mindestmaß beschränken.

Während nun Ahorn, Rot- und Weißbuche u. dgl. nach dem Fällen so rasch als möglich geschnitten oder entrindet werden müssen, verlangen andere Holzarten, so z. B. Nußbaum, gerade eine entgegengesetzte Behandlung. Dieses Holz muß vielmehr solange der Witterung ausgesetzt und ungeschnitten in der Rinde liegen bleiben, bis sich diese von selbst ablöst, was ungefähr im Verlaufe eines Jahres eintritt. Um ein Aufspringen der Stammhirnenden (Abb. 31) an wertvolleren Holzgattungen wie Eichen,

Eschen, Ulmen usw. bei längerer Lagerung zu vermeiden, werden diese Hirnenden mit Brettchen oder in der Richtung der Markstrahlen laufenden Leisten versehen, nicht selten auch mit Papier oder Leinwand beklebt oder mit Lehm oder Kalk bestrichen. Fehlerhaft ist das Bestreichen mit Ölfarbe, da hierdurch die Poren des Holzes geschlossen und eine Austrocknung desselben verhindert wird. Ein Bestreichen mit Ölfarbe ist nur dann am Platze, wenn das Holz bereits vollständig trocken ist und vor Aufnahme neuer Feuchtigkeit geschützt werden soll.

Die Bearbeitung der Rundhölzer in den Sägewerken.

Die gefällten Baumstämme finden in ihrer natürlichen runden Form nur in den verschiedenen Zweigen des Baugewerbes Verwendung. Zur Herstellung der übrigen gewerblichen Erzeugnisse kommt das Holz jedoch entweder als Schnittmaterial oder als Spaltware, also bereits als Halbfabrikat, zur Verwendung.

Zum Zerteilen des Rohmaterials kommen heute — mit Ausnahme gewisser Spaltwaren — ausschließlich nur mehr Maschinen, u. z. die verschiedenen Arten von Gattersägen, Blockbandsägen und Kreissägen in Betracht.[1])

Die wichtigsten Sägemaschinen unserer heutigen Sägewerke sind die Gattersägen. Sie dienen zum Auftrennen von Baumstämmen nach ihren Längsachsen, behufs Herstellung der unterschiedlichsten Schnittwaren.

Je nach der Bewegungsrichtung des Sägeblattes unterscheidet man Vertikalgattersägen (Abb. 71) mit auf- und abwärtsgehender Bewegung des Sägeblattes, und Horizontalgattersägen (Abb. 72), bei welchen das Sägeblatt eine hin- und hergehende Bewegung ausführt. Die Horizontalgattersäge arbeitet in der Regel nur mit einem Sägeblatt, während die Vertikalgattersäge sowohl mit einem Sägeblatt als Mittelgatter, mit 2 Sägeblättern als Saum- oder Schwartengatter arbeitet. Als Voll- oder Bundgatter (Abb. 71) wird jene Sägemaschine bezeichnet, bei welcher mehrere, selbst bis zu 20 Sägeblätter eingespannt sind und gleichzeitig arbeiten.

In größeren Sägewerksbetrieben findet zum Zerteilen von Blöcken und Stämmen auch die sog. Blockbandsäge Verwendung (Abb. 73). Bei dieser Sägegattung

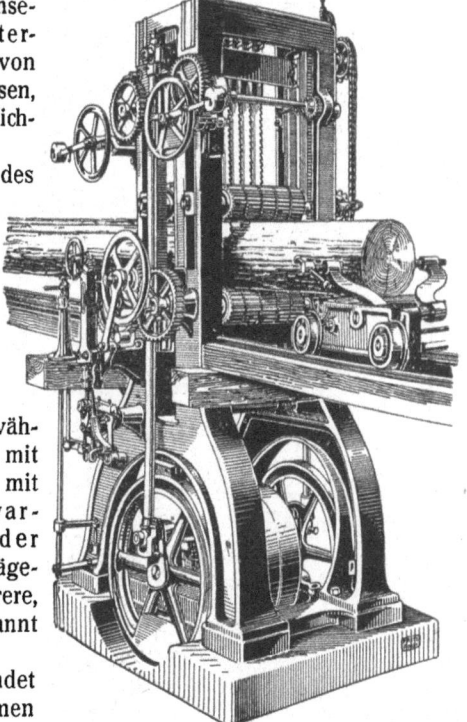

Abb. 71. Vollgattersäge. (Vertikalgatter.) (Modell Kirchner, Leipzig.)

---

1) Gewerbekunde der Holzbearbeitung, Band II. Werkzeuge und Maschinen von Prof. Jos. Großmann. Verlag Teubner, Leipzig.

Abb. 72. Horizotalgattersäge.   (Modell Kirchner, Leipzig.)

Abb. 73. Blockbandsäge.

läuft ein endloses (zusammengelötetes) dünnes Sägeblatt zumeist vertikal über 2 drehbare Scheiben, die sog. Bandsägerollen.

Auch die Kreissäge (Abb. 74) findet im Sägewerksbetriebe vornehmlich zum raschen Schneiden von Kant- und anderen Hölzern, sowie zum Besäumen von Brettern und Bohlen Verwendung.

Beim Schneiden edler und wertvoller Hölzer muß vor allem getrachtet werden, einen möglichst geringen Holzverlust durch Sägespäne zu erhalten, was nur durch gute und technisch richtig im Stand gehaltene Sägen zu ermöglichen ist. Die größten Schnittverluste haben die Vollgatter- und Kreissägen. Bei den ersteren ist derselbe oft so groß, daß das gewonnene Schnittnutzholz kaum $\frac{2}{3}$ des Kubikinhaltes des ursprünglichen Rundholzes ausmacht. Aus diesem Grunde finden diese Sägen zum Schneiden wertvoller Hölzer keine Verwendung; hierfür kommt vor allem die Horizontalgattersäge, welche ein bedeutend schwächeres Sägeblatt als die Vertikalgattersäge führt, in Betracht. Da bei der Horizontalgattersäge auch das Sägeblatt leicht für jede benötigte Stärke verstellt werden kann, ist sie für genaue Einzelarbeit die geeignetste Sägemaschine.

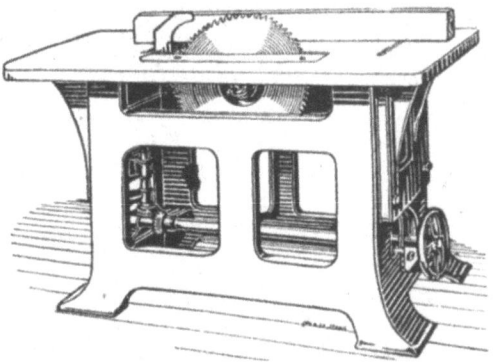

Abb. 74. Kreissäge.

Auch die Blockbandsäge verursacht äußerst geringen Schnittverlust; er beträgt selten über 2 mm, während er bei der Gattersäge, je nach der Herrichtung des Sägeblattes, oft mehr als das Doppelte ausmacht. Die Blockbandsäge erfordert aber eine äußerst sorgfältige Instandhaltung, da das Sägeblatt sich sonst verläuft und einen ungenauen, unsauberen Schnitt gibt. Auch für harzreiche Nadelhölzer und andere weiche Holzarten, ist die Blockbandsäge weniger gut geeignet, da das Harz am Sägeblatt anhaftet. Bei diesen Hölzern arbeitet die Gattersäge wirtschaftlicher.

Das Holz als Handelsware.

In bezug auf seine Verwendbarkeit ist alles gefällte Holz entweder Nutzholz oder Brennholz. Das erstere wird wieder je nach seiner besonderen Verwertung als Bauholz und als Werk- oder Arbeitsholz bezeichnet.

Das Nutzholz wird dann nach dem Grade der Bearbeitung noch in Voll- oder Ganzholz, Schnittholz und Spaltholz unterschieden.

Unter Bauholz versteht man alles beim Hoch-, Brücken-, Wasser-, Erd- und Grubenbau, Straßen-, Eisenbahn- und Schiffbau zur Verwendung kommende Holz, während das Werk- oder Arbeitsholz wieder nach seiner speziellen Verwendung in den einzelnen Gewerben als Schreiner-, Wagner-, Böttcher-, Bildhauer-, Drechsler-, Geschirr- oder Korbflechterholz bezeichnet wird.

1. Das Voll- oder Ganzholz, Stammholz, Langholz, Blockholz. Zu diesem gehört alles von den Ästen befreite, noch mit Rinde versehene oder entrindete, unbeschlagene Rundholz, ferner die bezimmerten oder beschlagenen Kanthölzer, welche entweder ein Quadrat oder ein Rechteck zum Quer-

schnitt haben. Nach der Art der Bezimmerung können die letzteren entweder **scharfkantig** (vollkantig) (Abb. 75) oder **baumkantig** (wahnkantig, rind- oder schälkantig) (Abb. 76) sein. Das Haupterfordernis für derartiges Holz ist, daß es möglichst astrein sowie **gerade** und normal gewachsen ist, d. h. daß das **Zopfende** — schwächere Ende — gegen das **stärkere** — **Stockende** — nicht zuviel abfällt.

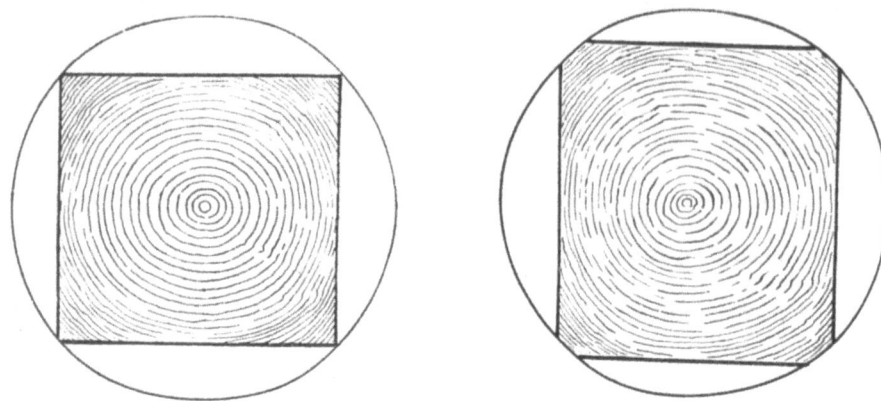

Abb. 75.   **Abb. 76.**
Querschnitte eines voll- und baumkantigen Holzes.

Als **vollholzig** wird ein Stamm bezeichnet, der sich nur ganz langsam nach oben verjüngt, wie es in der Regel die Bäume aus geschlossenem Bestande zeigen, während einzelstehende Stämme vielfach nebst „**abholzigem**" Wachstum auch noch großen Astreichtum zeigen.

Die Vermessung der Langholzstämme erfolgt nach dem **Festmeter** = 1 cbm (m^3) fester Holzmasse; zu unterscheiden vom **Raummeter**, der 1 cbm **geschichteten Holzes** mit den unvermeidlichen Zwischenräumen darstellt (Brennholz, Spaltholz, Prügelholz usw.). In vielen Gegenden, so besonders in Süddeutschland wird dieses letztere Holz auch nach dem **Ster** vermessen. 1 **Ster** = 1 cbm **geschichteten Holzes.** Die tatsächlich feste Holzmasse bei einem Raummeter beträgt ungefähr 0,7—0,75 cbm.

Leider wird im deutschen Holzhandel noch vielfach nach dem alten bayrischen, sächsichen, rheinländischen, österreichischen, englischen u. dgl. Zollmaß gemessen und gerechnet, trotzdem das Metermaß gesetzlich eingeführt ist; es hat dies die unangenehme Folge, daß in den Längen, Breiten und Stärken der Sägewaren eine außerordentliche Verschiedenheit herrscht, welche durch die verschiedenen Arten der Vermessungen, Preisbestimmungen und Benennungen noch umständlicher wird.

Da das **Ganzholz** (Stammholz, Langnutzholz, Blochholz usw.) fast immer als Bauholz Verwendung findet, wird es in den einzelnen Gegenden je nach Holzart sowie nach den unterschiedlichen Längen und Stärken in verschiedene Klassen eingeteilt.

So besagt die Vorschrift vom Jahre 1913 für die bayrischen Staatswaldungen, daß alles Eichenholz von normaler Beschaffenheit und je nach den Längen von 3—8 m und mehr in 8 Klassen einzuteilen ist.

Das **Buchenholz** wird bei einer Mindestlänge von 3 m in 6 Klassen eingeteilt.

Die übrigen Laubhölzer (ausschließlich Eiche und Buche) werden in 4 Klassen eingeteilt.

Bei den Nadelhölzern findet eine Einteilung nach der fast allgemein im deutschen Holzhandel beliebten sog. Heilbronner Sortierung statt und werden hier 6 Klassen unterschieden.

Die Sägehölzer (Blöcher) sind in Längen von 3, 3.5, 4, 4.5 m und dem Vielfachen hiervon auszuhalten.

Föhrenblöche können in jeder Länge ausgehalten werden.

Das Grubenholz von Nadelbäumen soll gesund, nicht anbrüchig und ziemlich grade sein, d. h. keine Teile enthalten, die nicht mindestens auf 2 m grade sind.

Schleifholz (Papierholz) wird in der Regel unter Lang- oder Sägeholz eingereiht; es sind aber auch Abschnitte mit weniger als 3 m Länge und 10 cm Zopfdurchmesser verwendbar. Schleifholz wird mit Rinde gemessen.

Zu dem Stammholz zählen auch die Stangenhölzer sowie das Schichtnutzholz, welch letzteres nur aus gesunden Stücken von unzweifelhaftem Nutzholzwert bestehen darf

Zu den Eichennutzscheiten zählt auch das Daubholz (Küferholz), während die Nutzscheite des Nadelholzes gleichzeitig zur Daubenherstellung für Weißbinder (Schäffler), aber auch zur Span-, Holzdraht- und Schindelherstellung Verwendung finden.

Das Prügelholz (Nutzprügel) muß an beiden Enden Sägeschnitte aufweisen, gerade, wenig ästig, gradspaltig und ziemlich gleich dick sein; hierher gehört das Rollerholz für Drechsler, Wagner (Stellmacher) sowie für die verschiedenen Hausindustrien von sämtlichen Holzarten.

Zum unbeschlagenen Ganzholz gehören ferner noch die Pilotenhölzer. Es sind dies runde Stämme mit oder ohne Rinde, welche fast ausschließlich für Wasser- und Sumpfbau Verwendung finden. Für diesen Zweck eignen sich nur Eichen-, Ulmen-, Rotbuchen-, Erlen-, Lärchen- und Kiefernstämme.

Auch die Krümmlinge — Krummhölzer, figurierte Hölzer — gehören zum Ganzholz. Diese werden von Eichen, Ulmen, Buchen sowie anderen harten und festen Holzarten gewonnen. Man unterscheidet hier einfache Krümmlinge von verschiedenen Formen, ferner Kniehölzer, Gabelhölzer, Bänder (Abb. 51, 52, 53, 54 und 55).

Nutzreisig. Hierher gehört alles nicht zu spröde Strauchholz und Reisig von Birken, Weiden, Erlen, Fichten, Tannen usw. zu Zaunreisig, Korbflechterholz, Besenreisig, Faschinenmaterial usw.

2. Schnittholz. Unter diese Gruppe zählt alles Holz, welches mit der Säge ohne jede Bezimmerung geteilt oder zugerichtet wurde. In der Regel sollen hierzu nur fehlerfreie, gerade und gesunde Stämme verwendet werden. Das Schnittholz sowie auch manches Ganzholz hat in vielen Gegenden und Ländern verschiedene Benennungen, auch verschiedene handelsübliche Bezeichnungen und Maße. Es wird je nach seiner Verwendung in Verbandholz, Riegelholz sowie in die verschiedenen Schnittsorten, zu welchen die Bohlen, Planken, Pfosten, Bretter, Latten, Rahmenhölzer usw. gerechnet werden, eingeteilt.

Verbandholz, Balkenholz, kantiges Schnittholz, Kantholz. Dasselbe wird rechteckig, auch quadratisch in verschiedenen Stärken aus

Sägeblöchen geschnitten. Dieses Holz findet heute fast ausschließlich im Bau Verwendung zu Balkenlagen, Unterzügen, Trägern, Tram- und stärkeren Konstruktionshölzern usw., da die bezimmerten Stämme fast gänzlich außer Verwendung gekommen sind.

Wird aus einem schwächeren Stamm nur ein einzelnes Bauholzstück geschnitten, so wird derartiges Holz als „einstieliges" bezeichnet.

Wird der Sägebloch durch einen Sägeschnitt getrennt, so gibt er das Halbholz (Abb. 77), durch Kreuzschnitte getrennt Kreuzholz (Abb. 78). Das einstielige Holz gleicher Stärke ist naturgemäß für viele Zwecke wert-

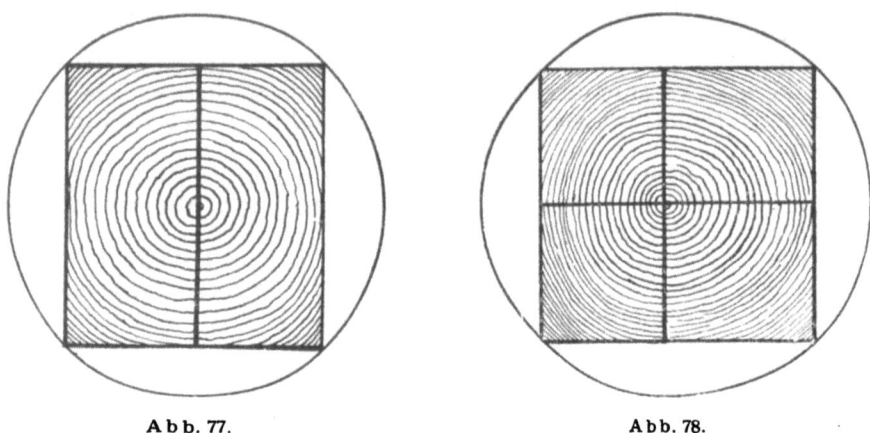

Abb. 77.　　　　　　　　　　Abb. 78.

voller und besser als Halb- oder Kreuzholz, doch ist es mehr dem Reißen und Springen ausgesetzt als jenes.

Die halbrunden baumkantigen Abfälle, welche beim Schneiden eines Bloches entstehen, heißen Schwarten, Schwartlinge.

Riegelholz, Staffelholz, Stollenholz. Es ist dies Schnittholz von meist quadratischem Querschnitt in Längen von 2,5—6 m und für gewöhnlich von den Ausmaßen 60/60, 70/70, 80/80 und 100/100 mm.

Das Fensterstockholz — Kiefern- und Lärchenholz — hat zumeist Ausmaße von 70/100 mm.

Das Türstockholz solche von 70/120, 70/140 oder 90/140 mm.

Zu diesen Schnittwaren werden hauptsächlich Tanne, Fichte, Kiefer und Lärche, seltener die Laubhölzer, höchstens noch Eiche verwendet.

Die verschiedenen kleineren Schnittwaren. Was die Holzarten für dieselben anbelangt, so kommen hierfür alle in Betracht, welche überhaupt in der Bau- und Möbelschreinerei Verwendung finden. Die gewöhnlichsten Benennungen und Normalstärken dieser Schnittwaren sind:

Bohlen oder Planken (Läden). Unter Bohlen werden die Schnitthölzer von 50—100 mm Stärke, unter Planken die stärksten Sorten von 80 mm aufwärts verstanden.

In der Regel werden hierzu nur gesunde und starke Stämme verwendet, aus deren Mitte dann eine starke Kernbohle — Herzbohle — herausgeschnitten wird.

Die üblichen, zumeist auf Lager befindlichen Stärken sind 50, 60, 70, 80 und 100 mm.

Bei Nadelhölzern werden in einigen Gegenden die Stärken von 60 mm auch als Kanalläden bezeichnet; diese haben aber stets nur eine Länge von 4 m.

Unter der heute vielfach im Handel vorkommenden Bezeichnung „Franzosenbohlen" werden Hölzer von außergewöhnlichen Ausmaßen bei großer Holzreinheit verstanden.

Pfosten, Türbretter. Hierher gehören die Stärken von 36, 42, 45 und 48 mm. Die Stärken von 36 mm werden in einigen Gegenden als Schleifdielen, die von 42 mm als 7/4zöllige Bretter und jene von 48 mm als 2zöllige Pfosten (Riemlinge) bezeichnet. Derartige Schnittwaren finden auch Verwendung als Gerüstbretter u. dgl.

Fensterpfosten in Stärken von 55 mm. Dieselben werden nur aus Föhren und Lärchenstämmen geschnitten.

Falzbretter — 5/4zöllige Bretter, Dielenholz, Sattelbretter, Bettseiten usw. — sind 30 mm stark.

Mittelbretter — Zollbretter, Zolläden, Bordbretter — haben eine Stärke von 24 mm. Minderwertige, jedoch nie faule Stücke, werden als Fehlboden- oder Blindbodenbretter (unter Parkettböden u. dgl.) verwendet.

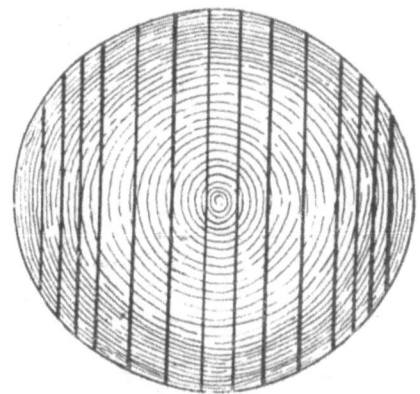

Abb. 79. Das Schneiden des Stammes zu ungesäumter Brettware.

Gemeine Bretter — 3/4zöllige Bretter, Kistenbretter, Schalbretter, Plafondbretter u. dgl. — sind gewöhnlich 18 und 20 mm stark.

Tafelbretter — 1/2 Zollbretter, Rückwandbretter — haben eine Stärke von 12 und 15 mm, evtl. auch 8 mm. Die Stärken von 12 und 15 mm finden auch häufig als Pafondbretter Verwendung.

Dickten sind zumeist unbesäumte Bretter aus harten Hölzern in Stärken von 5 und 8 mm.

Die kleinsten Schnitthölzer nennt man Latten, von denen es auch wieder verschiedene Sorten, wie Dachlatten, Spalierlatten, Wurflatten, Decklatten, Stuckaturlatten usw., gibt.

Die Längen dieser Schnittwaren sind entweder 4 m, 4.5 m, 4.7 m, 5 m, 5.7 m und 6 m.

Die Breiten sind natürlich sehr verschieden und von den Stärken der geschnittenen Stämme abhängig.

Das Schneiden der Hölzer zu Pfosten und Brettern kann auf verschiedene Weise erfolgen. Wird z. B. der Stamm ohne Rücksicht auf Jahresringlauf durch parallele Schnitte geteilt, so erhält man ungesäumte Stücke (Saumbretter) und 2 Schwarten (Abb. 79).

Schneidet man aber erst 2 Schwarten ab, kantet den Klotz dann um und verfährt wie früher, so erhält man 4 Schwarten und gesäumte Ware (Abb. 80). Das sind Bretter oder Pfosten von durchgehends gleicher Breite, bei denen die Baumkanten an den Längsenden abgeschnitten sind. Für die in neuerer Zeit sehr beliebten Riemen- oder Schiffböden, welche meist aus stärkeren Stämmen geschnitten werden, wird nebst den Schwarten auch noch ein Kernbrett (Herzdiele) herausgeschnitten (Fig. 81) und der Brettschnitt dann wie gewöhnlich vorgenommen. Das Brett bzw. Pfosten, welches am meisten Kernholz und am wenigsten Splintholz besitzt, ist naturgemäß das beste.

Der Preis der einzelnen Schnittwaren ist sehr verschieden und richtet sich natürlich immer nach Qualität und Stärke. Die stärkeren Sorten

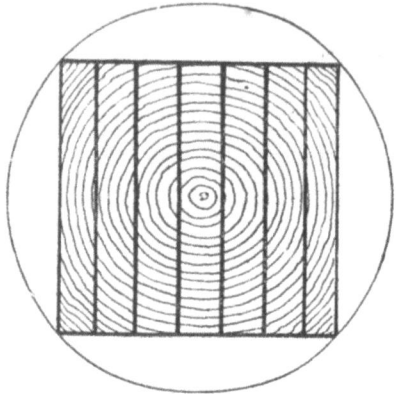

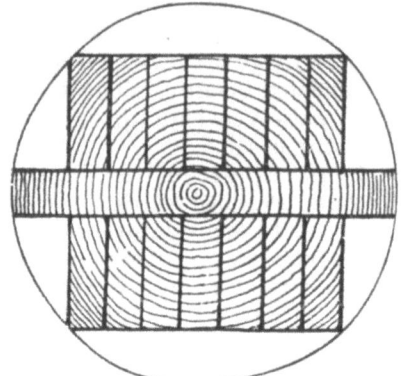

Abb. 80. Das Schneiden eines Stammes zu besäumter Brettware.

Abb. 81. Das Schneiden von Riemlingen mit einer Herzdiele.

sind immer etwas billiger, weil sich der Preis bei den schwächeren durch größeren Schneidelohn und den durch mehrere Schnittfugen bedingten Holzverlust erhöht.

Während alles stärkere Schnittholz in der Regel nach cbm = m³ gemessen und verrechnet wird, findet der Verkauf der schwächeren Sorten, zum mindesten stets der Tafelbretter, Dickten und Furniere, nach qm = m² statt.

Die Schnittwaren von 2—5 mm heißen Doppelfurniere, diejenigen von 2—1 mm und noch schwächer Furniere.

Die Furniere werden in besonderen Furnierschneidereien hergestellt und unterscheidet man je nach der Art der Herstellung Sägefurniere, Messerfurniere und Schälfurniere.

Die Sägefurniere, zumeist in Stärken von 1½—2 mm, werden auf Maschinen geschnitten, die in ihrer Arbeitsweise dem Horizontalgatter gleichen. Trotzdem das Sägeblatt äußerst dünn und so feinzähnig als nur möglich gemacht wird, arbeitet die beste Furniersäge trotzdem doch mit bedeutendem Schnittverlust, weshalb die Preise der Sägefurniere dementsprechend auch sehr hohe sind.

Um jeden Holzverlust zu vermeiden, werden die Furniere auf den sog. Furnierhobel- oder Furniermessermaschinen gleichfalls als eine Art Hobelspäne vom Bloche getrennt, wodurch jeder Holzverlust vermieden wird. Die auf diese Weise hergestellten Furniere können natürlich außerordentlich dünn sein und werden als Messerfurniere bezeichnet.

Man hat bereits versucht, 150 Blätter Furniere aus 1 cm Holzstärke zu messern; solche dünne Blätter sind für jeden technischen Zweck der Holzbearbeitung unbrauchbar.

Das Holz der Blöche oder Pfosten, welche zur Verarbeitung auf Messerfurniere bestimmt sind, muß für das Messern weich und geschmeidig gemacht werden, was durch Behandlung mit heißem Dampf geschieht. Spröde Hölzer, wie Birn- und Pflaumenbaum, wie auch Ebenholz, Granadilleholz, Cocobolo, Schlangenbaum u. a., lassen sich nicht messern.

Die Herstellung der Schälfurniere erfolgt auf der Furnierschälmaschine (Abb. 82). Der zu bearbeitende, vorher entrindete und ge-
dämpfte Holzblock wird nach Art des Werkstückes auf der Drehbank zwischen zwei kräftigen Spindeln eingespannt und um seine Achse in Umdrehung versetzt, während ein feststehendes Messer sich dem Bloch nähert und denselben abschält. Der Vorschub des Messers regelt sich selbsttätig und entspricht der jeweiligen Stärke des abzutrennenden Furniers.

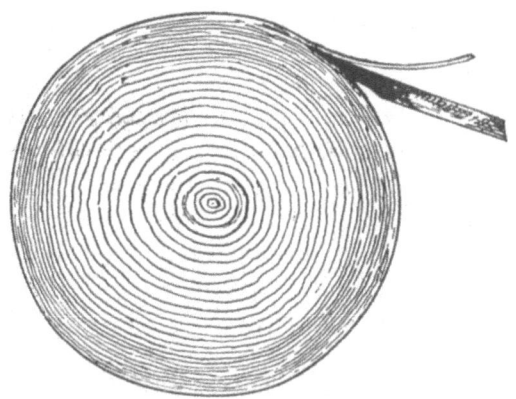

Abb. 82. Schematische Darstellung des Abschälens von Furnieren um den Stamm.

Die Schälfurniere sind unschwer an ihrer gleichmäßigen, großfigürlichen Fladerung zu erkennen. Wenngleich sie zumeist nur für untergeordnete Arbeiten wie Blindfurniere sowie in der Zündholz- und Schachtelfabrikation Verwendung finden, muß die Herstellung der Schälfurniere auch auf wertvolle Holzarten, wie z. B. ungarische Esche, Vogelaugenahorn, ausgedehnt werden. Bei diesen Hölzern befindet sich, wie bereits erwähnt, die schöne Maserung nur in den äußeren Holzschichten und läßt sich deshalb der Stamm nur durch Schälen vollkommen ausnützen.

Zum Schnittholz zählen in gewisser Beziehung auch die Schwellen für Eisenbahnen. Die Formen und Dimensionen derselben sind in den einzelnen Ländern sehr verschieden. Das Material für die Schwelle ist gewöhnlich Kiefer, Lärche oder Rotbuche, seltener Fichte und Eiche; sie werden jedoch vor ihrer Verwendung zur Erhöhung der Dauer noch einer Imprägnierung unterzogen.

3. Spaltholz. Man versteht darunter jenes Nutzholz, bei dessen Herstellung die Holzfasern der Länge nach entweder durch Axt und Keile oder mittelst besonderer Spaltmesser getrennt werden. Da beim Spalten die Holzfasern nicht zerschnitten, sondern ihrem wirklichen Verlaufe nach getrennt werden, hat solches Holz vor dem geschnittenen den Vorzug größerer Festigkeit und Elastizität, außerdem ist es weniger dem Werfen ausgesetzt.

Das Spalten des Holzes ist für viele Halbfabrikate, wie z. B. Faßdauben, Resonanzhölzer, Ruder, viele Wagnerhölzer und Dachschindeln geradezu Bedingung.

Die Faßdauben, zur Herstellung von Fässern für Flüssigkeiten, wie Bier, Wein, Most, Spiritus, Petroleum usw., werden fast ausschließlich aus Eichenholz hergestellt, von welchem wieder das Holz der slavonischen Eiche als das beste und meist verwendete bezeichnet wird. Unsere Steineiche wäre ja ihren Strukturverhältnissen nach hierfür sehr gut geeignet, weniger aber wegen der ungleichen und schwereren Spaltbarkeit sowie der schwierigeren Bearbeitung; das Holz der österreichischen Zerreiche ist wegen großen Gefäßreichtums hierfür ungeeignet. In südlicheren Gegenden findet für diese Zwecke auch noch das Holz der Akazie und der Edelkastanie Verwendung.

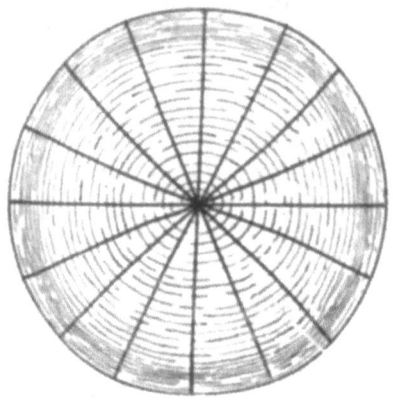

Für Gefäße im Hausgebrauch, als Kübel, Schäffel, Butten usw. nimmt man Fichte und Tanne (Weißbinderei).

Zu Fässern für trockene oder dickflüssige Ware, z. B. Gips, Farben, Fette usw., wird gewöhnlich Rotbuche verwendet.

Die Ruder, welche ein festes, zähes und astfreies sowie leicht- und geradspaltiges Holz erfordern, sind gewöhnlich aus Eschen-, jüngerem Rotbuchen- und Fichtenholz.

Abb. 83. Schematische Darstellung von Spaltwaren aus einem Stammstücke.

Die Wagnerspaltwaren, welche die Felgen, Speichen, Naben, Wagbäume u. dgl. umfassen, werden gewöhnlich aus Ulmen, Eschen, Akazien, Ebereschen, Birken und jüngerem Rotbuchenholz hergestellt.

Zum Resonanzholz kann nur ein ganz trockenes, harzarmes, außergewöhnlich gleichmäßig feinjähriges und vollkommen fehler- und astfreies Fichten- und Tannenholz Verwendung finden. Die sowohl im Böhmerwald als auch in einigen Gegenden Tirols vorkommende „Haselfichte" liefert das beste Resonanzholz.

Zu Dachschindeln wird meistens Fichten-, Föhren- und Lärchenholz, zu kleineren Spaltwaren, Siebrändern, Hutschachteln usw. schönes Fichten- und Tannenholz verwendet.

Das Spalten des Holzes für alle derartigen Zwecke muß immer in der Richtung der Markstrahlen erfolgen (Abb. 83).

4. **Brennholz.** Hierzu wird im allgemeinen alles Holz verwendet, welches wegen schlechten Wuchses, Krankheiten oder auch schlechter und schwieriger Transportverhältnisse zu Bau- und Schnittholz nicht benützt werden kann.

V. Die Behandlung des geschnittenen Holzes zur weiteren Verarbeitung.

Die Austrocknung des Holzes.

Die Entfernung des überschüssigen Wassers aus dem Holze wird als der Austrocknungsprozeß bezeichnet und ist eine der wichtigsten Arbeiten nach dem Fällen der Stämme.

Dieser Austrocknungsprozeß kann sowohl auf natürlichem wie auch auf künstlichem Wege erfolgen.

Das geschlagene Holz gibt sofort nach dem Fällen, noch mehr aber nach seiner Zerteilung, von seinem Wassergehalte solange an die Luft ab, bis

dieser nahezu dem der atmosphärischen Luft gleichkommt. Bei diesem natürlichen Austrocknungsprozeß verliert das Holz seinen Wassergehalt
bis auf etwa 15—20 %, in welchem Zustande man das Holz als lufttrocken
bezeichnet. Es ist dies der höchste, bei günstiger Witterung im Freien zu
erreichende Trockenheitsgrad. Zur Erreichung dieses Lufttrockenheitszu-
standes brauchen aber manche Hölzer lange Zeit, und ist es deshalb notwendig, die Hölzer sofort nach dem Schneiden richtig aufzusetzen —
zu stapeln —, damit die Luft von allen Seiten gleichmäßig zuströmen und
so eine raschere Austrocknung eintreten kann. Damit die Luft alle Schnittflächen des Holzes leicht und gleichmäßig umspülen kann, sind die einzelnen Bretter und Pfosten durch Zwischenlagen, sog. Stapelleisten, voneinander zu trennen. Diese Stapelleisten, welche stets gleichmäßige Stärke haben
müssen, sind immer in gewissen Entfernungen genau übereinanderzulegen.

Erfahrungsgemäß trocknen die beiden Hirnenden der Bretter und Pfosten
am raschesten, wodurch die Entstehung der Hirnrisse begünstigt wird. Um
dies zu verhindern, werden 8—10 cm breite Stapelleisten so gelegt, daß sie
5 — 6 cm über die Enden der Bretter vorstehen, wodurch diese etwas geschützt werden; auch das Aufnageln von Holzleisten auf die Hirnkanten sowie das Bekleben derselben mit Papier bieten gleichfalls Schutz gegen Risse.
Wie schon bei der Behandlung der Stammhölzer erwähnt, ist der Anstrich
der Hirnkanten mit Ölfarbe u. dgl. auch bei den Schnitthölzern nur dann zu
empfehlen, wenn das Holz bereits etwas ausgetrocknet oder weit transportiert
werden muß, wie beispielsweise bei den fremdländischen Hölzern.

Um das Schnittholz vor den Unbilden der Witterung, wie Regen, Sonne
und Zugluft zu schützen, wird es am besten in überdachten Trockenschuppen gelagert. Ein richtiger Trockenschuppen soll nicht ringsum, sondern nur an der Wetterseite, für gewöhnlich der Nord- und Westseite, geschlossen, sonst aber offen sein. In einem ringsum geschlossenen Schuppen
ist das Holz dem Ersticken mehr ausgesetzt und wird auch rascher von Insekten angegangen.

Der Fußboden eines Trockenschuppens soll, wenn nicht gepflastert, so
doch mit einer Sand- oder Kiesschicht bestreut sein. Das geschnittene Holz
muß immer, gleichviel ob es im Freien oder im Schuppen lagert, auf Lagerbalken aufgeschichtet werden, welche mindestens 30 cm stark sein müssen.
Die Lagerbalken sind genau nach der Wasserwage aufzulegen, damit das
geschnittene Holz nicht rund, windschief u. dgl wird. Die Stapelung wertvoller Hölzer ist so vorzunehmen, daß die Hirnkanten der Bretter oder Pfosten
stets der geschlossenen Seite des Schuppens zugekehrt, niemals aber der
Sonne oder Zugluft ausgesetzt sind; auch ist ein öfteres Umsetzen jeder Schnittware stets zu empfehlen.

Die stärkeren Stücke unserer harten Laubhölzer sowie alles Nadelholz wird
nach dem Schneiden nicht sofort in geschlossenem Schuppen gelagert, sondern erst einige Zeit im Freien aufgestapelt. Natürlich muß es auch hier
einen Schutz vor zu starkem Witterungswechsel sowie auch vor Einwirkung
direkter Sonnenbestrahlung durch leichte Überdachung erhalten. Eine Ausnahme muß nur bei Ahorn, Linde und den Pappelarten sowie bei allen
Schnitthölzern unter 10 mm Stärke gemacht werden, welche sofort in
den Lagerschuppen kommen müssen. Auch bei Rot- und Weißbuche sowie Kiefer kann je nach dem Grade der Trockenheit des Schnittholzes eine
sofortige Lagerung im Schuppen empfehlenswert sein. Man nimmt für ge-

wöhnlich an, daß Eiche, Ulme, Esche u. dgl. bis 30 mm Stärke 1—2 Monate, stärkere Pfosten aber 5—6 Monate während der Sommerzeit im Freien verbleiben.

In größeren Holzhandlungen und Möbelfabriken wird die erste Aufstapelung der Schnittware in der Regel s t a m m w e i s e oder, wie der Praktiker sagt, s ä g e f a l l e n d, vorgenommen, was nur zu empfehlen ist. Sind jedoch von einem Stamm nicht mehr sämtliche, sondern nur noch einzelne Bretter bzw. Pfosten vorhanden, so sind dieselben dann stets mit der r e c h t e n oder der Kernseite der Bretter nach o b e n und mit der l i n k e n oder Splintseite nach u n t e n zu legen.

Soll A h o r n h o l z rein weiß bleiben, müssen sofort nach dem Schneiden von allen Schnittflächen die Sägespäne sauber abgekehrt und dasselbe luftig gestapelt werden; alle Ahornschnitthölzer selbst bis zu 30 mm Stärke sind stehend zu trocknen.[1])

Man kann unter normalen Verhältnissen annehmen, daß unsere weichen Nadelhölzer den Lufttrockenheitsgrad im Verlaufe eines Jahres erreicht haben. Eiche und andere harte Laubhölzer benötigen jedoch bis zum völligen lufttrockenen Zustande mindestens 3—4 Jahre.

Zur Vermeidung von Zinsenverlust, zur Ersparung von Lagerplatzmiete u. dgl. muß getrachtet werden, diese natürliche Austrocknung auf ein Mindestmaß zu beschränken, um so mehr, als lufttrockenes Holz ohne weiteres noch lange nicht für alle Zwecke, so z. B. niemals für Möbel, zu gebrauchen ist.

Um nun einerseits die Holztrocknung zu beschleunigen, andererseits einen höheren Grad der Trockenheit zu erreichen, wird zur T r o c k n u n g a u f k ü n s t l i c h e m W e g e gegriffen.

Die künstlichen Mittel zur Austrocknung beruhen auf Anwendung einer höheren Temperatur entweder mit oder ohne gleichzeitiger Luftverdünnung, oder auch auf dem Gebrauche von überhitztem Dampf u. dgl. in eigens hierzu konstruierten Räumen, den sog. T r o c k e n k a m m e r n.

Der Kleingewerbetreibende wird zur Anlage eines eigenen Holztrockenraumes niemals greifen können. Für ihn erscheint es am zweckmäßigsten, das zu trocknende Material zumeist auf einem Gerüst aufzustapeln, welches an der Decke seiner Werkstätte hängt, wo die Luft am wärmsten ist. Auch läßt sich hier durch Aufstellung eines Trockenschrankes in Verbindung mit einem Leimofen eine gute Trockengelegenheit schaffen. Für größere Werkstätten und Fabriken sind jedoch diese einfachen Trocknungsanlagen nicht mehr hinreichend und muß zur Anlage richtiger Trockenkammern gegriffen werden. Aber selbst hier wird eine Rentabilität der Trockenkammer nur beim Vorhandensein eines Dampfbetriebes gewährleistet sein. Eine d i r e k t e Heizung der Trockenkammern kann selbst für diese Betriebe in der heutigen Zeit wohl kaum mehr als rentabel in Betracht kommen.

In diese Trockenkammern wird nun das zu trocknende Holz in der Weise regelrecht aufgeschichtet, daß die Wärme bzw. die trockene Luft u. dgl. das Holz von allen Seiten gleichmäßig umspülen kann. Dies wird bei bereits zugeschnittenen Hölzern am besten durch Stellen derselben auf die Hochkante erreicht, da der warme Luftstrom am raschesten von unten nach oben bzw. umgekehrt zieht.

---

1) Vergl. „Gegensätze in der Behandlung unserer Nutzhölzer" von Jos. Großmann, „Holzwelt". Ullsteins Verlag Nr. 33, 1916.

Bei dem Füllen einer Trockenkammer ist weiter zu berücksichtigen, daß niemals Holz von ganz ungleichen Lufttrockenheitsgraden oder von wesentlichen Stärkeunterschieden oder Stücke verschiedener Holzarten gleichzeitig in die Trockenkammer kommen.

Aus diesem Grunde empfiehlt es sich, wo viele unterschiedliche Holzarten und Stärken zu trocknen sind, besser zwei kleinere als eine allzu große Trockenkammer anzulegen, obgleich größere Trockenräume, wenn voll ausgenützt, verhältnismäßig weniger Betriebskosten verursachen als kleinere.

Da bei der Austrocknung die im Holze enthaltene Feuchtigkeit ver-

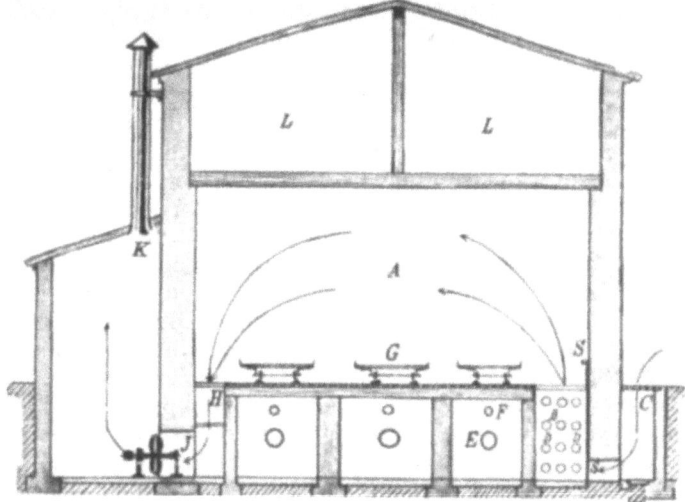

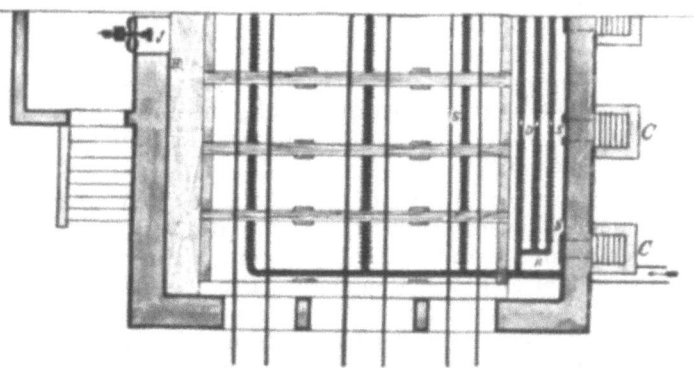

Abb. 84. Holztrockenanlage für Dampfheizung nach Ing. R. Mescher, Feuerbach (Württbg.).
A = Trockenraum; B = Raum für die Heizrippenrohre; C = Frischluftschächte; D = Rippenrohre zur Erzeugung der Wärme sowie zur Trocknung und Erwärmung der einströmenden Frischluft; E = Heizrohre zum Nachwärmen des Holzes unterhalb der Stapelung; F = Dampfrohre mit Dampfdüsen; G = auf Schienen laufende Wagen für das zu trocknende Holz; H = Schlitzplatten zum Absaugen der mit Wasserdampf gesättigten Luft; J = Ventilator; K = Abzugskamin; L = Raum für bereits getrocknete Hölzer; S = Schieber zum Einlassen d. Frischluft.

dampft, müssen in jeder richtigen Trockenkammer hinreichende Vorkehrungen getroffen werden, daß die mit Wasserdampf gesättigte Luft abziehen und durch neue trockene ersetzt werden kann. Dieser stetige und gleichmäßige Luftwechsel muß natürlich unabhängig von Jahreszeit und Außentemperatur sein und läßt sich am besten mittels Ventilatoren bewerkstelligen (Abb. 84). Die Konstruktionen neuerer Holztrocknungsanlagen gehen dahin, für den Trocknungsprozeß nicht nur Frischluft, sondern auch die bereits einmal in der Trockenkammer vorbenutzte erwärmte Luft wieder zu verwenden, wodurch eine wirtschaftlichere Ausnützung der Wärme entsteht. Die Wandungen dieser neueren Anlagen werden in der Regel doppelwandig mit einem inneren Luftschichtraum (Isolierschicht) hergestellt. Nicht alle Holzarten vertragen gleichhohe Hitzegrade, aus diesem Grunde muß die Wärmezufuhr und Temperatur des Trockenraumes genau beobachtet und reguliert werden können. Im allgemeinen kann man als zulässige Temperaturen für die einzelnen Holzarten, für Eichenholz ungefähr 40⁰ C, für andere harte Laubhölzer 30—40⁰ C, für schwächere Nadelhölzer bis 80—85⁰ C, für stärkere Nadelhölzer hingegen nur etwa 50⁰ C annehmen. Natürlich richten sich diese Temperaturen auch nach dem System der Trocknungsanlage. Das frisch in die Trockenkammer gebrachte Holz darf diesen Höchsttemperaturen nicht sofort voll ausgesetzt werden bzw. darf die warme Luft nicht zu schnell durch den Trockenraum gehen, da sonst die äußeren Holzteile zu rasch abtrocknen, die inneren aber nicht schnell genug nachfolgen können, eine starke Rißbildung daher unvermeidlich wäre. Die Erwärmung des Holzes wie die Austrocknung muß vielmehr langsam, durch allmähliche Verdunstung des Wassergehaltes vor sich gehen. Um bei stärkeren Trocknungshölzern eine Rißbildung zu vermeiden, wird der Trocknungsprozeß öfter durch Einlassen von Dampf in den Trockenraum unterbrochen. Hierdurch erhalten die Oberflächen der Trocknungshölzer wieder Feuchtigkeit, während die inneren Holzteile weiter das Wasser an die äußeren abgeben, wodurch Spannungen, die zu Rissen führen, vermieden werden.

Wenngleich bei jeder Trocknung das Bestreben dahin gehen muß, dem Holze rasch sein Wasser zu entziehen, darf doch dieser Wasserentzug nicht restlos erfolgen. Es muß dem Holze vielmehr ein als zweckmäßig erachteter Feuchtigkeitsgehalt, welcher im allgemeinen zwischen 5—8 % schwankt, belassen bleiben, da sonst das Holz spröde und brüchig wird und sich nicht bearbeiten läßt.

Für die Trocknungsanlagen gibt es heute eine solche Menge in ihrem Wert natürlich unterschiedlicher Systeme, daß darüber ein eigenes Werk geschrieben werden könnte. Ein allgemein gehaltenes Schema über Trocknungsanlagen läßt sich nicht aufstellen. Die vorteilhafteste Art einer Anlage wird sich immer von Fall zu Fall bestimmen lassen und sich stets nach den Betriebsverhältnissen, der Art und Menge des Materials u. dgl. richten. Die Wahl einer Anlage wird man daher am besten einem mit dem Bau von Trocknungsanlagen erprobten Fachmann überlassen.

In neuerer Zeit wird vielfach versucht, die natürliche Austrocknung an der Luft durch die künstlichen Trocknungsverfahren vollständig zu ersetzen.

Die natürliche Austrocknung sollte jedoch — wenigstens für den Beginn — bei keiner Holzart und Verwendung umgangen werden, da das Bestreben des Holzes, Feuchtigkeit aus der umgebenden Luft aufzunehmen, nur durch längeres Lagern mehr oder weniger gehemmt werden kann. Bei unseren Nadelhölzern steigt die Dauer derselben um so mehr, je langsamer dieselben austrocknen, da dabei um so größere Mengen des seine Dauer erhöhenden Hartharzes entstehen, je weniger von dem flüchtigen Terpentinöl verdampft. Auch bei einigen Harthölzern können nur durch vorsichtige und langsame Trocknungen die gleichmäßigen Farben des Holzes erhalten werden.

Nach einem neueren sog. Holzschnelltrocknungsverfahren soll es gelungen sein, gleichzeitig unter Gewinnung größerer Mengen Harz und Terpentinöl, frisch gefälltes und geschnittenes Nadelholz innerhalb kürzester Zeit

(70 Stunden) so zu trocknen, daß es den höchsten Ansprüchen verschiedener Verwendungszwecke entspricht.

Inwieweit sich diese rasch getrockneten Hölzer gegen spätere Witterungseinflüsse bei Verwendung als Möbelholz eignen, müssen erst die Erfahrungen zeigen; für Bauhölzer sind sie ungeeignet.

Entgegengesetzt diesem Verfahren ist das des Amerikaners Nodon, welcher zum Trocknen und Konservieren von Holz den elektrischen Strom benutzt und dem es gelungen sein soll, mit dessen Hilfe einen Baumstamm in kurzer Zeit so auszutrocknen, wie es bisher erst nach Monaten möglich war.[1])

Bei diesem Verfahren werden die Harzbestandteile des Holzes, entgegengesetzt dem vorgenannten, nicht entfernt, sondern die übrigen Bestandteile des Holzes so weit als möglich bis in die innersten Teile des Stammes verharzt, wodurch die hykroskopischen Eigenschaften dieser Stoffe vernichtet werden. Nach dem Durchschicken genügender Mengen elektrischen Stromes durch die Stämme bzw. frisch geschnittener Hölzer soll ein Zeitraum von einigen Wochen genügen, um das Holz in freier Luft bis in den Kern ohne Rißbildung gründlich auszutrocknen.

In England wird heute ein Verfahren ausgearbeitet, welches darin besteht, das Holz nicht wie bisher üblich, künstlich mit heißer Luft u. dgl., sondern durch Kälte zu trocknen. Das zu trocknende Holz wird hierbei in einen Schuppen, an welchen eine Kälteanlage angeschlossen ist, aufgestapelt. Die kalte Atmosphäre, welche diese Kühlanlage erzeugt, reicht aus, um die Luftfeuchtigkeit in dem Schuppen in Rauhreif zu verwandeln, wodurch die Luft selbst, trotz der aus den Poren des Holzes austretenden Feuchtigkeit, beständig trocken bleibt. Inwieweit dieses Verfahren Aussicht auf Erfolg hat, muß abgewartet werden.

Besondere Sorgfalt, Zeit und Mühe erfordert das Trocknen gewisser überseeischer Hölzer, wie Ebenholz, Amarantholz, Pockholz u. dgl. bei ihrer Verwendung zu feineren Drechsler- und Bildhauerarbeiten, Kegelkugeln usw., sowie vor allem des Elfenbeins für Billardkugeln, Elfenbeinschnitzereien u. dgl. Eine Trocknung dieser Rohmaterialien kann nur durch Einbetten derselben in trockene pulverförmige Massen, wie Torfmull, feine trockene Buchenholzsägespäne u. dgl. erfolgen. Am besten eignen sich die Abfallspäne vom eigenen Holz oder Elfenbein, in welche die roh zugearbeiteten Stücke eingebettet und hierin monate-, ja selbst jahrelang zur Trocknung bei gewöhnlicher Temperatur bleiben müssen. Eine Trocknung bei größerer Wärme und in freier Luft ist wegen der Bildung nicht nur größerer, sondern einer Unmenge feiner Haarrisse, welche diese Materialien für die oben genannten feineren Kunstarbeiten unbrauchbar machen würden, gänzlich ausgeschlossen.

Die Konservierung[2]) und Haltbarmachung des Holzes.

Die verschiedenen Methoden, welche hier in Verwendung kommen, zielen alle auf den einen Punkt hin, die im Holze enthaltenen und für die technische Verwendung desselben äußerst schädlichen Eiweißstoffe entweder tunlichst zu entfernen (Auslaugen, Auskochen, Ausdämpfen), oder zum Ge

---

1) Vgl. Zeitschrift „Kunststoffe", Jahrgang 1915 Heft 2.
2) konservieren (lat.) = erhalten, frischerhalten.

rinnen zu bringen (koagulieren) und mit fäulniswidrigen Stoffen zu durchsetzen (Imprägnieren).[1])

1. Konservierung durch Entfernung der Saftbestandteile. Diese Methode ist schon seit urdenklichen Zeiten bekannt und geht meistens im fließenden Wasser vor sich.

Zu diesem Zwecke werden die Hölzer einige Zeit — Eichenhölzer selbst bis zu 2 Jahren — unter reinem fließendem Wasser gehalten. Dieses Verfahren, als A u s l a u g e n d e s H o l z e s bezeichnet, besitzt bei dem zweifellos günstigen Einfluß, welchen es auf die Dauer des Holzes ausübt, den Nachteil der langen Dauer des Prozesses und des großen Sandgehaltes des Holzes; ihm gleichgestellt kann d a s F l ö ß e n unserer Nadelhölzer werden. Das im Wasser liegende Holz bleibt jahrelang vor dem Reißen und Verderben bewahrt und läßt sich — namentlich Kiefer — im nassen Zustande am besten und reinsten schneiden. Das im Wasser gelegene Holz trocknet nach dem Herausnehmen aus demselben viel rascher und ist dann weniger den Temperatureinflüssen unterworfen.

2. Auskochen und Ausdämpfen des Holzes. Ein Konservierungsverfahren, das sich sowohl gegen die Zerstörungen des Holzes durch Pilze, wie auch gegen das Reißen richtet, ist das Behandeln desselben in k o c h e n d e m Wasser.

Dieses Verfahren ist jedoch sehr beschränkt und nur für Hölzer von kleineren Dimensionen und für geringere Holzmengen verwendbar.

Eine heute allgemein bekannte und durch vielfache Erfahrungen bewährte Methode ist das D ä m p f e n d e s H o l z e s. Die Hölzer kommen zu diesem Zwecke in wasser- und dampfdicht verschließbare, hölzerne oder eiserne Behälter — D a m p f z y l i n d e r o d e r D a m p f k ä s t e n —, größere Stücke und Mengen dagegen in unterirdisch angelegte, gemauerte Gruben, die sog. D a m p f g r u b e n. Sie werden hier mit Dampf, gewöhnlich mit dem Abdampf des Betriebskessels behandelt. In diesen Dampfgruben bleiben die Hölzer je nach der Holzart und Holzstärke 3 bis selbst 8 Tage.

Das Trocknen dieser gedämpften Hölzer geschieht am besten zunächst an der Luft, später in Trockenkammern. Das gedämpfte Holz ist dunkler von Farbe, hat trocken einen helleren Klang, ist leichter, härter und widerstandsfähiger als ungedämpftes, wird nicht mehr so gerne von Würmern angegangen und ist vor allem nicht mehr so stark hygroskopisch. Die neueren Untersuchungen stehen jedoch mit der früheren Annahme, daß gedämpftes Holz auch eine erhöhtere Festigkeit besitze, im Widerspruch.

Frisch vom Behälter weg, läßt sich gedämpftes Holz leicht biegen, sowie in Formen pressen. Von dieser Eigenschaft wird in der heutigen Industrie, so vor allem in der Fabrikation der gebogenen Möbel, im Schiffbau, für Wagnerhölzer (Radfelgen, Schlittenkufen, Kotbretter usw.) weitgehendster Gebrauch gemacht.

So vorzüglich sich das Dämpfen für gewisse Holzarten bewährt, ist es doch nicht für alle gleich gut geeignet. Während einige Hölzer eine schöne rotbraune, bzw. dunklere Farbe annehmen, und dadurch in ihrem Werte steigen, bekommen andere Holzarten direkte Mißfarben. Eichenholz büßt sogar an seinem technischen Werte ein und ist deshalb zum Dämpfen ungeeignet.

---

1) i m p r ä g n i e r e n (lat.) sättigen, durchtränken. I m p r ä g n i e r u n g = Anfüllung, Durchtränkung eines Körpers mit einer Flüssigkeit.

Von den verschiedenen Holzarten, welche heute in ausgedehntestem Maße gedämpft werden, finden vornehmlich Rotbuche- und Nußbaum in der Möbelfabrikation, das erstere auch für Parkette, Birnbaum für Möbel, vor allem aber für Zeichenrequisiten (Reißschienen, Dreiecke usw.) und Erlenholz in der Zigarrenkistenfabrikation weitgehendste Verwendung.

Vielfach wurde schon versucht, das Dämpfen des Holzes unter Hochdruck vorzunehmen. Dies darf jedoch nur mit allergrößter Vorsicht ausgeführt werden, weil die Struktur gewisser Holzarten, schon bei einem Dampfdruck von 1 Atm. stark verändert wird und die Festigkeit leidet. Selbst bei Behandlung des Holzes im kochenden Wasser haben Versuche gezeigt, daß Holz im Wasser von 125° C. unter Druck behandelt, nach dem Trocknen sehr bald in Fasern zerfällt.

3. Ankohlen des Holzes. Ein altes Konservierungsmittel, welches darauf hinzielt, die im Holze enthaltenen besonders schädlichen organischen Stoffe chemisch zu verändern, bzw. zu zerstören, ist das Anbrennen oder Ankohlen, auch Karbonisieren genannt. Dieses Verfahren stellt eigentlich eine Art trockene Destillation des Holzes dar. Baumpfähle, Zaunsäulen u. dgl., die an den Enden, mit welchen sie in die Erde kommen, schwach angekohlt sind, halten tatsächlich länger als ungekohlte. Von vielen Autoritäten wird diesem Verfahren jeder Nutzen geradezu abgesprochen; trotzdem kommt es keineswegs selten, in Frankreich sogar in großem Maßstabe zur Anwendung.

4. Konservierung des Holzes durch Anstriche. Wenn es auch durch einen ein- oder mehrmaligen Anstrich, aus leicht begreiflichen Gründen nicht voll und ganz gelingen kann, das Holz vor dem Eindringen der pflanzlichen und tierischen Schädlinge zu schützen, dürfen auch die einfachen Anstriche, wenn sie auf vollkommen trockenem Holze vorgenommen, nicht unterschätzt und von der Hand gewiesen werden.

Als vorzügliches Anstrichmittel zum Schutze des Holzes gegen die Einflüsse der Witterung, hat sich nebst der Ölfarbe, der Holz- und Steinkohlenteer bewährt, wenngleich die Verwendung der beiden Teersorten nicht überall angängig ist.

Eines der beliebtesten und meist verwendeten Anstrichmittel ist das Karbolineum.[1]) Durch tunlichste Abhaltung der Feuchtigkeit, ohne welche die Pilz- und Schwammbildung nicht aufkommen kann, verhindert es nicht nur allein die Fäulnis, sondern bietet auch einen ziemlich wirksamen Schutz gegen Wurmfraß. Nicht jedes Karbolineum ist jedoch gleich gut geeignet.

Durch verschiedene Zusätze wie auch durch Behandlung mit Chlor, Chlorzink u. dgl., kann das Karbolineum sowohl in seinen Konservierungseigenschaften wie in seiner Farbe verbessert werden.

---

1) Der Name „Karbolineum" war ursprünglich der Handelsname einer Fabrik für das von ihr hergestellte und verkaufte Teeröl. Heute wird dieser Name für jede braun gefärbte, eigentümlich riechende Flüssigkeit benutzt. Von diesen im Handel befindlichen Flüssigkeiten sind die Mehrzahl nicht nur völlig wertlos, sondern wirken bei Verwendung für Gärtnereihölzer, Frühbeete, Baumpfähle, Lauben u. dgl. auf die mit ihnen in Berührung kommenden Pflanzenteile, Wurzeln usw. direkt schädlich und tödlich. Andererseits gibt es aber wieder einige vorzügliche Fabrikate, welche nicht nur einen wirksamen Holzschutz bilden, sondern auch zum Bestreichen von Pflanzen, Wunden u. dgl. (Baumkarbolineum) ohne Nachteil benutzt werden können.

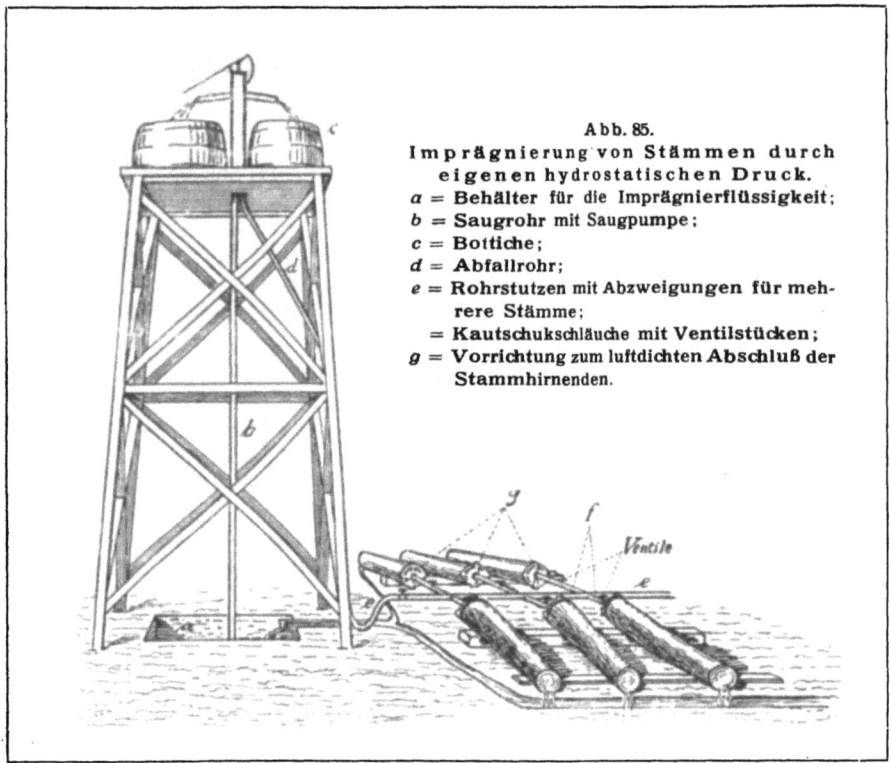

Abb. 85.
Imprägnierung von Stämmen durch
eigenen hydrostatischen Druck.
a = Behälter für die Imprägnierflüssigkeit;
b = Saugrohr mit Saugpumpe;
c = Bottiche;
d = Abfallrohr;
e = Rohrstutzen mit Abzweigungen für meh-
       rere Stämme;
   = Kautschukschläuche mit Ventilstücken;
g = Vorrichtung zum luftdichten Abschluß der
       Stammhirnenden.

5. Konservierung durch Einbringung von fäulniswidrigen Stoffen. Imprägnierung. So wertvoll das Auskochen und Dämpfen für gewisse Verwendungszwecke des Holzes ist, einen hinreichenden Schutz gegen fäulniserregende Pilze und Insektenangriffe bieten diese Verfahren jedoch nicht; ein solcher wird nur durch das Imprägnieren des Holzkörpers mit Stoffen erreicht, welche alle eiweißartigen Saftbestandteile vernichten.

Das Imprägnieren übt einen günstigen Einfluß auf jene Hölzer aus, welche dem Witterungswechsel ausgesetzt sind, z. B. Eisenbahnschwellen, Gruben- und Brückenhölzer, Telegraphenstangen u. dgl. Die Hölzer werden zu diesem Zwecke entweder mit der Imprägnierflüssigkeit bestrichen oder einige Zeit in dieselbe eingelegt; durch das Kochen wird zwar eine bessere, aber immer noch nicht vollkommene Wirkung erzielt. Nach den meisten heutigen Verfahren wird deshalb die Flüssigkeit unter hohem Druck in das Holz gepreßt.

Die ersten Holzimprägnierungsversuche reichen schon bis in das Jahr 1657 zurück.

Von den vielen seit dieser Zeit empfohlenen Imprägnierungsmitteln haben sich nur wenige bewährt und eine dauernde und allgemeine Anwendung gefunden.

Nach der von dem Engländer Kyan 1832 angegebenen Methode, welche nach ihm auch als Kyanisieren bezeichnet wird, wird das Holz in eine Lösung von Quecksilberchlorid — Sublimat — eingelegt. Dieses zwar teure Mittel bewährt sich für einige Verwendungszwecke sehr gut; ist aber von

von außerordentlich giftiger und gesundheitsschädlicher Wirkung; es findet deshalb vornehmlich zur Imprägnierung von Eisenbahnschwellen u. Telegraphenstangen Verwendung.

Eine eigenartige Imprägnierungsmethode wandte 1837 der französische Arzt Boucherie an, indem er den Saft frisch geschlagener Hölzer durch die Tränkungsflüssigkeit verdrängt. Nach diesem Verfahren — Boucherisieren — genannt, werden frisch in der Saftzeit geschlagene unentrindete

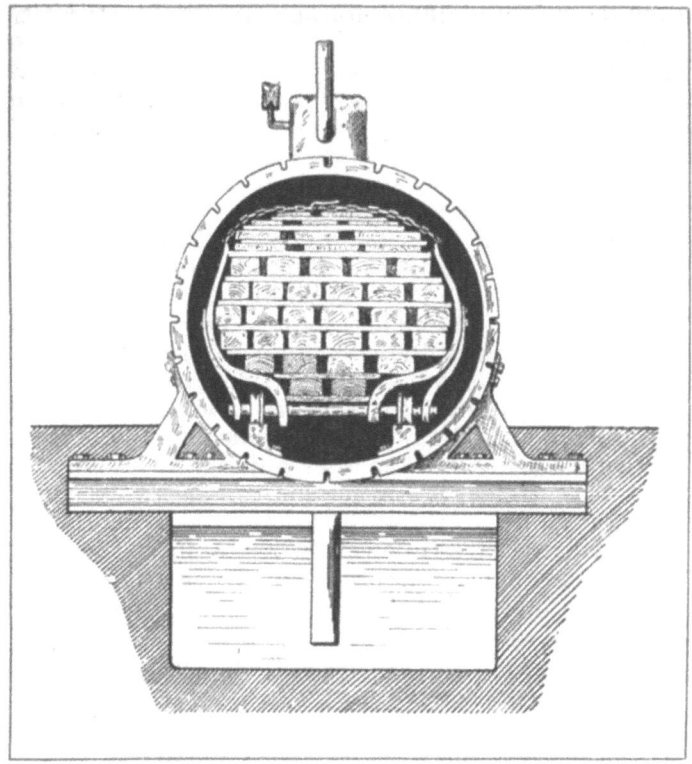

Abb. 86. Schematische Ansicht des Querschnittes eines Imprägnierungskessels mit gefülltem Wagen und in die Erde eingelassenem Behälter für die Imprägnierungsflüssigkeit.

Stämme, mit den Stockenden leicht erhöht, horizontal nebeneinander gelagert. Die Hirnenden dieser Stämme werden mit dicht anschließenden Kautschukringen versehen, die unter sich wieder durch Leitungsrohre verbunden sind. Durch die eigene Schwere — den hydrostatischen Druck (Abb. 85) — läßt man aus einem hochstehenden Gefäß eine Kupfervitriollösung, so lange durch diese Leitung in die Stämme eindringen, bis die Flüssigkeit an deren Zopfenden heraustritt. Dieses Verfahren wurde bislang für Telegraphenstangen in großem Maße angewandt, heute ist es jedoch durch ein verbessertes Kyanisierungsverfahren verdrängt, welches darin besteht, daß das Holz einige Tage in eine Lösung von 0,667 % Sublimat und 1 % Fluornatrium gelegt wird.

Im Jahre 1838 wurde von Burnett eine Imprägnierung des Holzes mit Zinkchlorid (Burnettisieren) und im gleichen Jahre von Bethell eine solche mit Kreosot oder Teerölen (Bethellisieren) empfohlen.

Die Imprägnierung mit Zinkchlorid und Teeröl, oder mit einer Mischung von beiden, wie sie heute noch im weitgehendsten Maße angewandt wird, geschieht nur unter hohem Druck und zwar in großen eisernen, oft 8—20 m langen und bis zu 2 m im Durchmesser fassenden Zylindern (Abb. 86); in diese wird das zu imprägnierende Holz unter größter Ausnützung des Raumes auf Wagen, die auf Schienen laufen, eingeführt.

Nach der Füllung und dem luftdichten Verschluß des Kessels wird das Holz entweder kurze Zeit gedämpft, oder zum mindesten gut erwärmt; hierauf wird die sowohl im Kessel als auch in den sich erweiternden Poren des Holzes befindliche Luft möglichst ausgepumpt, die Flüssigkeit in den Kessel eingelassen und unter hohem 6—8 Atmosphären[1]) betragenen Druck in das Holz gepreßt. Unter allen Imprägnierungsmethoden kann dieses Vorgehen als das vollkommenste bezeichnet werden.

Von den jetzt vielfach angewandten Verfahren muß besonders das sog. Sparverfahren von Rüping erwähnt werden, bei welchem das durch den Dampfdruck im Überschuß in die Holzzellen eingepreßte teure Teeröl durch vorher in die Poren eingeführte Preßluft wieder herausgestoßen wird, so daß nur ein dünner Überzug des Teeröles zurückbleibt.

Nach dem alten Bethellschen Verfahren betrug der Verbrauch an Kreosotöl bei Kiefernholz 200—300 kg, bei Buchenholz 400 kg pro Kubikmeter; nach dem Sparverfahren vermindert sich der Verbrauch bei Kiefernholz auf 60 kg, bei Buchenholz auf 140—150 kg.

Den Rütgerswerken ist es gelungen, das Rüping-Verfahren auch für nasse Hölzer geeignet umzugestalten, woraus das kombinierte Verfahren der Rüping-Rütgerswerke entstand.

In neuerer Zeit hat Powell das Holz durch Kochen in einer schwachen Zuckerlösung imprägniert, während Charles Nodon zur Imprägnierung den elektrischen Strom benutzte und damit überraschenden Erfolge erzielt haben will.

Der hohe Wert einer richtigen Holzimprägnierung erhellt am besten aus folgender Zusammenstellung[2]):

	von Eiche	Buche	Erle	
Die natürliche Dauer beträgt	10—12	2—3	6—8	Jahre
getränkt mit Teeröl unter Hochdruck	bis 25	30—35	bis 15	„
„ „ Zinkchlorid und Teeröl	18—20	14—16	13—15	„
„ „ Zinkchlorid allein	14—16	8—5	7—12	„

Die größere Dauer des Rotbuchenholzes erklärt sich daraus, daß dasselbe mehr Teeröl aufnimmt als die Eiche.

Eisenbahnschwellen nehmen im Durchschnitt an Teeröl auf:

eine Eichenschwelle	„	„	11 kg
„ Föhrenschwelle	„	„	7 „
„ Buchenschwelle	„	„	36 „

6. Schutz des Holzes gegen das Feuer. Auch gegen das Feuer, den gefährlichsten Feind des Holzes, hat man es zu schützen versucht. Wenn es auch, trotz aller Schutzmittel nicht gelungen ist, das Holz unverbrennlich zu machen, so kann doch eine schwere Entzündbarkeit desselben erreicht werden, und damit ist für die meisten Verwendungszwecke schon sehr viel gewonnen.

Bei Aufsuchung der Mittel, dem Holze eine schwerere Entzündbarkeit zu verleihen, ging man von der chemischen Natur des Verbrennungsvorganges überhaupt aus; dieser ist nichts anderes, als die durch hohe Tem-

---

1) 1 Atmosphäre = die Kraft von ungefähr 1 kg, mit welcher die atmosphärische Luft auf jedes Quadratzentimeter einer Fläche drückt.
2) Rohholzgewinnung und Gewerbseigenschaften des Holzes von Eug. Laris. Wien und Leipzig.

peraturen ermöglichte rasche Verbindung des im Holze enthaltenen Kohlen-
und Wasserstoffes mit dem Sauerstoff der Luft. Wenn also dem Sauerstoff der Luft, durch irgendeine Maßnahme der Zutritt zum Holze erschwert,
wird auch der Verbrennungsvorgang entsprechend verlangsamt. Dieses
Fernhalten des Luftsauerstoffes bzw. der atmosphärischen Luft, kann nun
bis zu einem gewissen Grade durch Umhüllung des Holzes mit Stoffen
erreicht werden, welche sich selbst nicht zu entzünden vermögen,
wie z. B. durch Anstriche mit Wasserglas (kieselsaurem Natron),
Asbest u. dgl., oder aber mit solchen, welche infolge der entstehenden
Wärme bei höherer Temperatur schmelzen, an der Oberfläche desselben eine zusammenhängende, luftabschließende Umhüllung
bilden, und so die verzehrende Flammenbildung verhindern. Hierher gehören Magnesiumsulfat (Bittersalz), Borax, Natriumphosphat,
Natrium-Wolframat u. a. Nicht in Betracht kommen natürlich hierfür
Stoffe, welche selbst größere Mengen von Sauerstoff enthalten,
also direkt entzündlich wirken würden, wie dies beim Salpeter und
einigen Chlorarten der Fall ist. Endlich kommen auch solche Stoffe zur
Anwendung, die in der Hitze Gase bilden und durch Bildung von Chlor,
Ammoniak, Kohlensäure oder schwefliger Säure das Holz mit
einer Gas- oder Dampfhülle umgeben, wodurch der zur Verbrennung
des Holzes unbedingt nötige Sauerstoff der Luft ferngehalten wird. Am
häufigsten wird hier das schon bei 140⁰ C schmelzende schwefelsaure
Ammoniak angewandt.

Gleich der Imprägnierung des Holzes gegen fäulniserregende Pilze kann
die volle Wirkung der zum Feuerschutz verwendeten Chemikalien auch
erst dann zur vollen Geltung kommen, wenn dieselben nicht nur ober-
flächlich verwendet, sondern so tief als möglich in die Poren des Holzes
hineingepreßt werden, was gleichfalls in eigenen Imprägnierungsanstalten
unter Hochdruck geschieht.[1])

**7. Konservierung von Möbeln, Holzschnitzereien und kleineren Kunst-
werken.** Ein Sondergebiet der Holzkonservierung bildet die Behandlung
wertvoller, vom Wurm befallener Möbel, Holzschnitzereien und anderer kleiner aus Holz gefertigter Kunstgegenstände.

Hierbei handelt es sich nicht um einen Schutz gegen die Angriffe dieser
Insekten, sondern um eine gründliche Vernichtung der im Holze bereits
eingenisteten und vorhandenen, meist der Gattung Anobium angehörigen
Käfer samt ihrer Brut — Larven und Eier.

Als Vertilgungsmittel wird das Einspritzen von Petroleum, Benzin,
Formalin u. dgl. in die Bohrlöcher mittelst einer feinen Spritze empfohlen
Abgesehen davon, daß diese Mittel wegen der vielen Hunderten von kleinen Bohrlöchern, welche oft in einem Möbel vorhanden sind, praktisch gar
nicht durchführbar ist, können sie andererseits nur einen Erfolg zeitigen,
wenn die Flüssigkeiten die im Holze vorhandenen Käfer, Larven oder Eier
auch wirklich erreichen, was aber höchst selten zutrifft, da das in den Bohrlöchern vorhandene und selbst durch gutes Ausblasen mit einem Gummi-
gebläse nur schwer aus demselben zu entfernende Bohrmehl das tiefere

---

1) Vgl. „Schwer entflammbares und schwer verbrennliches Holz" von Prof.
J. Großmann in „Fortschritte der Technik", Beilage der Münchner Neuest. Nachr.
No. 10 und 11 vom 10. und 24. Mai 1922.

Eindringen der Flüssigkeiten hindert. Das wirksamste Mittel zur Vertilgung dieser Schädlinge ist die Verbringung der befallenen Gegenstände in einen luftdicht verschlossenen Raum, in welchen man Dämpfe von solchen Gasen zur Wirkung bringt, welche etwaige Farben von Stoffen, Tapeten, Beiztönen oder auch Polituren und Mattierungen nicht angreifen. Solche sind Schwefelkohlenstoff, Chloroform, Formalin, Tetrachlorkohlenstoff u. a. Das Ausschwefeln dieser Räume sowie die Verwendung von Schwefeläther, schwefliger Säure, Benzin, Chlor, Ammoniak u. dgl. kann, so vorzüglich sich einige dieser Stoffe bewähren, doch nicht allgemein angewandt werden, da viele Farben und Polituren durch dieselben nicht nur gebleicht und verändert, sondern vollständig zerstört werden.

Diese Dämpfungsverfahren sind aber nicht nur umständlich, sondern erfordern auch wegen der damit verbundenen Feuersgefahr größte Vorsicht.

Von besonderer Bedeutung ist, daß nach Einwirkung dieser Dämpfe die sämtlichen Bohrlöcher ohne Auslüften des Gegenstandes gut mit Leimtränke verschmiert werden.

Weniger empfindliche Gegenstände werden vielfach mit Benzol oder Essigäther getränkt, wie bei Flachornamenten u. dgl. häufig heißes, bis zum Siedepunkt erhitztes Öl oder Stearin zur Anwendung kommt.

Holzschnitzereien o. dgl., welche bereits stark von Insekten befallen sind, werden mit einer Quecksilberchloridlösung (Sublimat), und zwar 1 Teil Quecksilberchlorid in 100 Teilen Wasser, getränkt. Wirksamer noch ist die Verwendung einer solchen alkoholischen Lösung, zu welcher gewöhnlicher Brennspiritus geeignet ist. Bei Verwendung des Sublimats ist jedoch seiner Giftigkeit wegen die größte Vorsicht geboten.

Ein altbekanntes und früher vielfach angewandtes Mittel zur Bekämpfung des Bohrwurmes an ungestrichenem und in untergeordneten Räumen verwendeten Holzes besteht in einem Anstrich von kochend heißer Seifensiederlauge; wie auch ein einfaches und äußerst wirksames Mittel zur gründlichen Vertilgung aller in Holzgegenständen befindlichen Insekten samt ihrer Brut darin besteht, daß man die befallenen Gegenstände durch 24 Stunden einer Wärmetemperatur von 80—90°C aussetzt oder dieselben in eine Trockenkammer bringt und hier bei 40—50° einige Tage beläßt. Leider vertragen aber nur wenige Gegenstände und Holzarten ohne Schaden diese Temperaturen, weshalb das Mittel nicht allgemein anwendbar ist.

Bemerkenswert ist, daß Stühle und andere Holzgegenstände, welche oft bewegt werden, seltener unter Wurmfraß zu leiden haben als feststehende oder eingebaute Möbel.

Die größten Schwierigkeiten bereitete bislang die Vertilgung der Bohrwürmer in alten wertvollen Musikinstrumenten wie Violinen, Cellos u. dgl. Das bisher am häufigsten angewandte Mittel, die Salpetersäure, färbt selbst in ganz schwachen Lösungen das Holz des Instrumentes und beschädigt es durch Ätzung. Das gleiche tritt auch bei der vielfach verwendeten Pikrinsäure sowie bei Sublimatlösungen ein, durch welche sowohl der Ton beeinträchtigt als auch der Zerfall des Holzes beschleunigt wird. Einem amerikanischen Geigenbauer soll es gelungen sein, in dem Wasserstoffsuperoxyd ein Mittel gefunden zu haben, welches weder den Ton beeinträchtigt noch das Holz in irgendeiner Weise beschädigt.

8. Imprägnierungsverfahren zur Veredlung des Holzes. Gleich dem Konservieren vom Wurm befallener Möbel bilden auch die hier zur Besprechung kommenden Verfahren Sondergebiete der Holzimprägnierung insofern, als sie nicht zum Schutze des Holzes gegen Fäulnis und Insekten, sondern zur Veredlung — Verschönerung — des Holzes vorgenommen werden. Eine der beliebtesten Techniken der Holzveredlung bildet heute die Holzfärberei oder das Beizen des Holzes. Da das einfache Beizen stets nur eine oberflächliche Färbung des Holzes ermöglicht, ist man bestrebt, die Beizflüssigkeit möglichst tief in das Holz einzubringen bzw. dasselbe durch seine ganze Masse zu färben. Diese Art der Holzfärberei kann aber streng genommen nicht mehr als Beizen, sondern nur noch als Imprägnieren bezeichnet werden und ist ihre erfolgreiche Durchführung auch nur in fabrikmäßiger Weise möglich.

Das bloße Einlegen der Holzstücke in die Farbstoff- oder Beizlösung genügt so wenig wie das Kochen in derselben. Die Färbeflüssigkeit muß vielmehr in das verschiedenartig vorbehandelte Holz unter einem Druck, der oft bis zu 10 Atmosphären gesteigert wird, hineingepreßt werden. Nur die Furniere einiger Holzarten wie Ahorn, Birke, Weißbuche, Stechpalme lassen sich auch durch Kochen in gewissen Beizlösungen durch und durch färben. Von diesen durchgefärbten Furnieren finden jedoch nur die grauen und schwarzen Töne allgemeine Verwendung.

Von den heute bestehenden Holzfärbereien sind die meisten in ihrer technischen Ausgestaltung den bei der Holzkonservierung verwendeten Einrichtungen angepaßt.

Zum Durchfärben finden von unseren Laubhölzern namentlich Ahorn, Birke, Rot- und Weißbuche, Birnbaum, Linde und Stechpalme Verwendung. Während Birnbaum ausgezeichnete Schwarzfärbungen (Ebenholzimitation) gibt, lassen sich Ahorn, Rot- und Weißbuche sehr schön gleichmäßig in unterschiedlichen Tönungen, Vogelaugenahorn und Birke geflammt besonders schön grau beizen.

Eine eigenartige Gruppe von Färbereiverfahren zielt vor allem dahin, bei unseren Holzarten, vornehmlich der Eiche, in verhältnismäßig kurzer Zeit matte, braungraue Altersfarbentöne durch die ganze Masse, selbst stärkster Pfosten und Klötze, hervorzurufen. Diese Verfahren werden bald als schwedische, wohin auch das sog. Björkholz gehört, bald als japanische (Jindaihölzer und Umoregi der Japaner), bald als „Senilisieren"[1]) u. dgl. bezeichnet.

Dieser Altersverfärbungen des Holzes in seiner Masse bedienen sich namentlich einige Holzbildhauer Tirols, welche die Herstellung und Imitation alter Schnitzereien u. dgl. als Spezialität betreiben. Sie befolgen das schon in früheren Zeiten geübte Verfahren, die betreffenden roh zugearbeiteten Stücke lange Zeit — oft monate-, selbst jahrelang — in Schlamm oder Jauche einzulegen oder in mit Mist oder Jauche getränkte Böden einzugraben.

Während neuere Erfinder zu diesem Zwecke den elektrischen Strom, andere den Salmiakgeist und ähnliche Gase verwenden, besteht das neueste von den Deutschen Werkstätten für Handwerkskunst in Hellerau-Dresden für die Altersverfärbung des Holzes in seiner ganzen

---

1) Senilisieren = greisenhaft machen.

Masse angewandte und als „Grauholzverfahren" bezeichnete darin, daß
die Hölzer in besonders zubereitete Böden eingebettet werden, in
welche Bodengase von bestimmten Zusammensetzungen eingeleitet
werden und ganz herrliche Verfärbungen des Holzes vollbringen.

Eine noch andere Art von Farbimprägnierungen benützt die natürlichen
Saftwege des lebenden Baumes zum Aufsaugen der Farbflüssigkeiten.

Die schon seit vielen Jahren bekannten Versuche, das Holz am stehenden Stamme in seiner ganzen Masse zu durchfärben, ergaben zwar wis-
senschaftlich ganz interessante, so doch keine befriedigenden Erfolge, weshalb sie eine allgemeine Einführung in die Praxis nicht finden konnten.

VI. Die Zerstörungen des gefällten und bereits verarbeiteten Holzes.

Bei der Zerstörung des gefällten Holzes kommen, wie schon bei der
Dauerhaftigkeit desselben erwähnt, verschiedene Gruppen von Schädlichkeiten in Betracht, und zwar:

1. Die Zerstörungsformen des Holzes durch den Einfluß der Luft, Feuchtigkeit, Abnutzung, Einlagerung von Mineralsalzen u. dgl.

Zu ihnen gehören:

Die Vergrauung. Sie stellt eine langsame Zersetzungsform dar, welche
dann entsteht, sobald das Holz frei über der Erde verwendet und den at-
mosphärischen Einflüssen wie der Luft (Sauerstoff, Kohlensäure, Am-
moniak), dem Regen, Schnee, Hagel, Temperaturschwankungen und der
Sonne voll ausgesetzt ist. Dieser Zerstörung sind besonders Dachschindeln,
Gartenzäune, Holzverschalungen u. dgl. unterworfen. Das Holz bekommt
hierbei einen grauen oder weißen Silberglanz und erleidet an seiner
Oberfläche eine allmähliche Zerstörung der Zellen durch Loslösung, welche
Teilchen dann besonders gern von Wespen abgenagt und zum Bau ihrer
Nester verwendet werden.

Die Verfärbung geht allmählich in eine Art „Verbräunung" über, die
wir besonders an unseren alten holzgedeckten und holzverschalten Bauern-
häusern beobachten können, welche auf diese Art verfallen und mit ihnen
ein Schmuck der Landschaft verschwindet.

Die Vergrauung zerstört die weicheren Hölzer früher als die härteren,
wie auch in ein und demselben Holze das weichere Frühholz rascher auf-
gelockert und zerstört wird als das härtere und dichtere Spätholz. Andererseits widersteht gehobeltes Holz länger der Vergrauung als ungehobeltes.
Von wesentlichem Einfluß ist hierbei auch das Klima, indem in der feuch-
teren Luft der Meeresküste und des Gebirges die Zerstörung durch Vergrauung rascher erfolgt als in einem trockenen Festlandsklima. Wird hierbei durch Luftrisse o. dgl. der Anfang zu tieferen zerstörten Holzpartien
innerhalb des Holzkörpers gegeben, so tritt das „Vermorschen" ein, welches in weiterem Verlaufe als „Verwesung" bezeichnet wird, wobei das
Holz in einen staubigen Mulm zerfällt.

Alle diese genannten Zerstörungsarten sind rein chemische Vorgänge. Die Vermoderung, das Versticken oder Stockigwerden
des Holzes tritt ein, wenn sich das Holz in ständig feuchter Luft befindet,

der Sauerstoffzutritt aber ein ungenügender ist, wie dies bei Verwendung des Holzes in Kellern, Gruben, Schächten, Schiffen u. dgl. zutrifft. Das Holz zerfällt hierbei in einen feuchten, pulverförmigen, braunen Mulm. Bei diesem Zerstörungswerk wirken schon Fadenpilze mit, welche jedoch nach verschiedenen Untersuchungen erst auftreten, wenn die Luftfeuchtigkeit ca. 70 % erreicht hat; unter dieser Grenze soll das Holz ohne Pilzbeteiligung vermodern.

Die Verschleimung ist eine sehr langsam fortschreitende Zerstörungsform des Holzes im fließenden Wasser unter Mitwirkung von Bakterien, Pilzen u. dgl.

Die Abscheuerung stellt einen rein mechanischen Vorgang dar, welcher in rasch fließenden Gebirgswässern, Flüssen usw. durch das ständige Anschlagen der mitgeführten Sand- und Kieskörner bewirkt wird, wodurch ein rasches Abschleifen der Holzoberfläche erfolgt. Ist die bewegende Kraft der Sandkörner nicht das Wasser, sondern wie in den Dünen der Meeresküste der Wind, so tritt gleichfalls eine Abscheuerung der Holzpartien ein. Auf diesem Vorgang beruht die im heutigen Kunstgewerbe so vielseitig durch das Sandstrahlgebläse hervorgerufene Fladerwirkung. Im Holze vorhandene Hornäste widerstehen allen Abscheuerungen am längsten.

Alle Holzgegenstände sind einer Abnutzung beim Gebrauch durch den Menschen unterworfen. Dies zeigt sich an Küchenstuhlsitzen und Tischplatten, welche oft mit Sand gereinigt werden, sowie bei Fußböden, Straßenpflaster usw. Die Abnützung aller Hölzer bei Fußböden geht am raschesten vor sich, wenn sie mit einer Fladerschnittfläche nach oben liegen. Da sich in dieser Lage Tannenholzbretter auch noch „schiefern", sind sie als Fußbodenbretter — mit Ausnahme für Blindböden — unbrauchbar. Die Abnützung des Holzpflasters wird auch noch durch die Witterungseinflüsse beschleunigt. Diesen Einflüssen widerstehen von unseren einheimischen Holzarten nur die Kernhölzer Eiche, Lärche und Kiefer für längere Zeit. Aus Billigkeitsgründen wird aber trotzdem das in genügender Menge vorhandene Holz von Fichte und Rotbuche verwendet, zur Erhöhung ihrer Dauer aber imprägniert, was trotzdem auch bei den erstgenannten Hölzern geschieht.

Da sich, wie schon erwähnt, das Holz an seiner Spiegel- und Fladerschnittfläche am raschesten abnützt, wird dasselbe für Straßenpflaster, Fußböden in Maschinenräumen und Werkstätten stets mit der Hirnfläche nach oben gekehrt — Hirnholzpflaster — verwendet. In letzterer Zeit vor dem Kriege fanden auch in Deutschland als Holzstraßenpflaster vielfach schon einige bedeutend widerstandsfähigere ausländische Holzarten, so vor allem einige Eukalyptusarten, unter dem Namen „australisches Hartholz" vielseitige und vorteilhafteste Verwendung.

Die Vertorfung oder Verkohlung ist eine Zerstörungsform des Holzes, welche in stehendem Wasser unter beschränktem Luftzutritt oder unter gewissen Bedingungen unter der Erde erfolgt. Das Holz behält hierbei zwar sein Gefüge, verliert aber an Härte und Gewicht und geht allmählich in eine weiche braune Masse, den „Torf" über. Kommt dann eine Überlagerung mit Sand- und Tonschichten hinzu, so entsteht im Verlaufe von Jahrhunderten und -tausenden die „Braun- und Steinkohle".

Werden Waldungen durch vulkanische Ausbrüche verschüttet, so tritt auch eine natürliche Verkohlung ein, bei welcher das Holz anfänglich eine silbergraue Färbung annimmt (hochwertiges „vorweltliches" Holz, Jindaihölzer der Japaner), später braun wird, sein Gefüge verliert und dann als ein durch und durch gleichartiger Körper ausgegraben und als Halbschmuckholz verwendet wird (Umoregi der Japaner).[1]

Die Versteinerung des Holzes wird durch Einlagerungen verschiedener Mineralsalze wie kohlensaurer und kieselsaurer Kalk hervorgerufen. Die physikalischen Eigenschaften des Holzes werden hierbei von Grund aus verändert, ebenso auch mehr oder weniger die Struktur. Dem Holze wird aber hierdurch eine unbegrenzte Dauer verliehen.

Eine weitere Gruppe von Schädlichkeiten umfaßt:

2. Die Zerstörung des gefällten und bereits verarbeiteten Holzes durch Pilze.

Gleich dem Holze des stehenden Baumes kann auch das gefällte und bereits verarbeitete Holz von holzzerstörenden Pilzen befallen, von ihnen krank gemacht und Zersetzungen zugeführt werden, die man allgemein als „Fäulnis" bezeichnet.

Bei diesen Zersetzungsformen, welche stets unter Beteiligung von Fadenpilzen vor sich gehen, muß dem Holze der vollständige Zutritt des Sauerstoffes der Luft ermöglicht und die unbedingt nötige Feuchtigkeit entweder vorhanden sein oder von Zeit zu Zeit zugeführt werden.

Diese Zersetzungserscheinungen sind jedoch unterschiedlichster Art.

Betrachten wir das Holz eines frischgefällten Stammes, so wird man wohl in den weitaus meisten Fällen konstatieren können, daß dasselbe vollkommen gesund ist. Es muß also, wenn eine Erkrankung des Holzes später eintritt, die Infektion — denn nur um eine solche handelt es sich — erst nach der Fällung, sei es nun im Walde selbst, beim Transport, auf Lagerplätzen oder auch am Bauplatz erfolgt sein. Nun gibt es eine Menge Parasiten, welche im Walde vorkommen, schon dort in das gefällte Holz gelangen und mit diesem auf Lager und Bauplätze verschleppt werden können.

In der Regel werden ja die im Walde in den Holzkörper gelangten Pilzsporen nicht zur Entwicklung kommen, da mit dem Aufhören des Regens das Holz sehr schnell wieder austrocknet.

Wird ein solches Holz dann auf die Sägemühle geschafft, dort so rasch als tunlich zerschnitten, am Lagerplatz dann richtig behandelt und ausgetrocknet, vor Aufnahme neuer Feuchtigkeit geschützt, so ist und bleibt es gesund. In entgegengesetztem Falle beginnen diese Pilze jedoch sehr bald ihre verheerende Tätigkeit.

Der erste und geringste Grad der Zersetzung zeigt sich dann bei Fichte und Tanne in einer ungleichen, fleckig rotbraunen Verfärbung des geschnittenen Holzes, welche Erscheinung als „Rotstreifigkeit" (Abb. 87) bezeichnet wird. Diese Rotstreifigkeit des Nadelholzes kann als das erste Stadium der später zu besprechenden sog. „Trockenfäule" bezeichnet werden, wenngleich als Erreger der Trockenfäule noch verschiedene andere Pilze, welche zumeist auf Lagerplätzen in das Holz gelangen, mit in Frage kommen.

Das rotstreifige Holz kann, — wenn die Zersetzung noch nicht zu weit

---

1) Nach „Die Forstbenutzung" von Gayer-Fabrizius, 11. Aufl. Parey-Berlin.

vorgeschritten — noch nicht als schlecht bezeichnet werden. Eine Verwendung zu Bauarbeiten im Witterungswechsel verträgt es allerdings nicht mehr. Als Möbelholz bildet es einen unliebsamen Schönheitsfehler, weshalb es für Natur- und gebeizte Möbel keine Verwendung finden kann; als Blindholz für Furnierungen sowie für angestrichene im Trocknen verwendete Arbeiten stehen jedoch seiner Verwendung nicht die geringsten Bedenken entgegen.

Abb. 87. Stammstück einer im Stamm gesunden Fichte, welche nach der Fällung infolge unrichtigen Austrocknens durch Rotstreifigkeit entwertet wurde.

Zu ähnlichen Erscheinungen neigen auch sehr stark Kiefern-, Buchen- und Erlenholz. Bei der Kiefer ist dieser Zustand leicht an einer bläulichgrauen Verfärbung des Splintholzes, welche Färbung vornehmlich durch den sog. Blaufäulepilz — Ceratostomella pilifera Fr. — (Abb. 88) erzeugt wird, bei Buche und Erle durch weißliche Flecken erkenntlich. Man sagt in der Praxis gewöhnlich, „das Kiefernholz ist blau angelaufen, das Buchen- und Erlenholz ist erstickt oder ist stockig" (Abb. 70).

Auch bei Kiefer könnte man die Blaufäule insofern noch als Schönheitsfehler bezeichnen, wenn das Holz

Abb. 88. Kiefernstammscheibe, an welcher das Splintholz durch den Blaufäulepilz — Ceratostomella pilifera — bläulich gefärbt erscheint.

den gleichen Verwendungszwecken wie Fichten- und Tannenholz zugeführt würde. Nachdem aber das Kiefernkernholz für verschiedene Bauarbeiten, so z. B. für äußere Fensterrahmenhölzer Verwendung findet, wird nicht selten hierzu auch das blau angelaufene Kiefernsplintholz genommen, was absolut verwerflich ist.

Findet nun ein mit solchen Pilzen behaftetes und noch nicht genügend ausgetrocknetes Holz im Bau Verwendung und wird es am weiteren Austrocknen durch eine unrichtige Behandlung gehindert, so tritt dann die allen Bauarbeitern unter dem Namen „Trockenfäule" bekannte Zerstörung ein. Ist die Feuchtigkeit in einem Holze aber sehr bedeutend, die Nässe anhaltend, wie dies z. B. in Kellerräumen, bei Fußböden in der Nähe von Balkon- oder Verandatüren sowie bei Ausgußbecken der Fall, oder ist das Holz beständig in feuchter Luft oder auch direkt auf die Erde gelagert, so verläuft natürlich der Zerstörungsprozeß wesentlich rascher; es tritt dann eine Art Rotfäule auf, die in der Praxis gewöhnlich als „Naßfäule" bezeichnet wird.

Diese sog. Feinde des Holzes haben bei allen Schlimmen doch noch das Gute, daß sie sich nur soweit ausdehnen, als ihre Ursache, die Feuchtigkeit reicht, zum Unterschiede von den Hausschwammpilzen, den schlimmsten und gefährlichsten Feinden des Holzes.

Während man als Trockenfäule diejenigen Zerstörungen des Bauholzes zu bezeichnen pflegt, bei denen die zerstörenden Pilze zumeist dem freien Auge nicht sichtbar sind, gibt es eine Reihe von Bauholz zerstörenden Pilzen, welche mit mehr oder weniger Myzelwucherungen sich außerhalb des Holzkörpers entwickeln und diese sind es, welche im allgemeinen als „Hausschwammpilze" bezeichnet werden.

Einer dieser Schädlinge, welcher Lohporenschwamm, weißer Porenhausschwamm, Lohbeetporling, auch unechter Hausschwamm benannt wird, stammt von — Polyporus vaporarius Pers. — und ist schon am lebenden Baume im Walde ziemlich häufig zu finden. Wenn nun ein mit diesem Pilz behaftetes und noch nicht genügend ausgetrocknetes Holz im Bau Verwendung findet, und am weiteren Austrocknen gleich den Trockenfäulepilzen durch unrichtige Bauführung, wie z. B. zu frühes Legen von Parkett oder Linoleum, Anstreichen des Fußbodens mit Ölfarbe oder dgl. am rascheren Austrocknen auch noch gehindert wird, so entwickelt sich dieser Pilz weiter und zerstört alles Holzwerk in kürzester Zeit vollständig. Im entgegengesetzten Falle aber wird er bei Luftzutritt und ohne neue Feuchtigkeit sich nicht weiter entwickeln.

Die dauernd weißen Myzelhäute dieses Pilzes überziehen hierbei das Holz, sich fächerartig ausbreitend, ähnlich den Eisblumen an den Fenstern. Die Zerstörungen durch diesen Pilz sind den des später zu besprechenden echten Hausschwammes sehr ähnlich und wird er deshalb auch vielfach mit diesem verwechselt. Nur beim Vorhandensein von reinem weißen Myzel und weicher, sich wollig anfühlender, höckerförmiger — nicht flach tellerförmiger oder Konsolen bildender — Fruchtkörper ist er unschwer zu bestimmen.

Ganz anders als dieser verhalten sich nun die als echte Hausschwammpilze bezeichneten Holzparasiten.

Der bekannteste und mit Recht gefürchtetste von allen ist der als „echter Hausschwamm", „tränender Faltenschwamm", „tränender Fältling", „tropfender Aderschwamm", auch als „Zimmerpilz", sowie vielfach unrichtigerweise auch als „Mauerschwamm" bezeichnete — Merulius lacrymans Schum. —[1]) (Abb. 89).

---

1) Der echte Hausschwamm von Dr. Rob. Hartig - Dr. v. Tubeuf.

Bezüglich seiner Verbreitung kann man wohl ruhig behaupten, daß dieselbe in der Regel von Haus zu Haus erfolgt. Wenngleich er im Walde vereinzelt gefunden wurde, läßt doch die Seltenheit seines dortigen Vorkommens den Schluß zu, daß er nicht aus dem Walde eingeschleppt, sondern von Lagerplätzen und menschlichen Bauten in andere übertragen wird, wo er nun zu ungeheurer Verbreitung gelangt ist.

Der echte Hausschwamm hat genau so wie der unechte die Befähigung, in feuchter stagnierender Luft mit zunächst weißem, lockerem, wollartigem Myzel aus dem ernährenden Holze herauszuwachsen. Dieses Myzel fällt jedoch im Alter zusammen und bildet dann seidenglänzende aschgraue Häute, die man von der Oberfläche abheben kann (Fig. 90). In diesen wolligen Myzelmassen entstehen später sich verästelnde dichtere Myzelstränge von gleicher Farbe und ansehnlicher Dicke — selbst Bleistiftstärke —, welche für die Lebensbedingungen des Hausschwammes hervorragende Bedeutung besitzen. Mit Hilfe dieser Stränge, die oft eine Länge von Metern erreichen können, durchwächst der Pilz Teile eines Gebäudes, wie z. B. Mauerwerk, auch Steinplatten, Erdreich usw., die für seine Er-

Abb. 89. Stück eines Türstockes durch den echten Hausschwamm Merulius lacrymans vollständig zerstört.

nährung ungeeignet sind. Dadurch erklärt sich auch, daß er vom Keller bis in die oberen Stockwerke eines Gebäudes gelangen kann, ohne unterwegs Holz zu finden. Ist das von ihm gefundene Holz trocken, so besitzt der echte Hausschwamm die weitere Fähigkeit, dieses trockene Holz zu befeuchten und so sich selbst die Bedingungen für seine Weiterentwicklung zu schaffen. Man nahm allgemein an, daß diese Befeuchtung mit Hilfe dieser Stränge vor sich geht; nach neueren

Abb. 90. Tannenbrett, vom Myzel und Strängen des echten Hausschwammes — Merulius lacrymans — überzogen und vollständig zerstört.

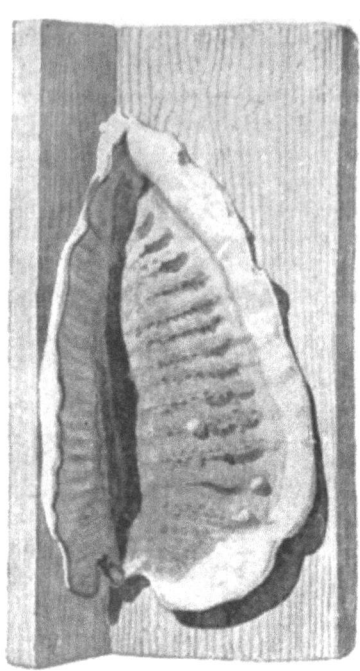

Abb. 91. Fruchtträger des echten Hausschwammes Merulius lacrymans.

Untersuchungen dürfte dies jedoch durch Veratmung von Zellulose geschehen.[1]) Diese Veratmung, durch die das Hausschwammyzel viel mehr Wasser erzeugt, als in einem feucht gesättigten Raum verdunstet werden kann, ist sicher auch die Ursache der Absonderung von Wassertropfen, welche zur Bezeichnung „lacrymans" = tränend, Anlaß gaben.

Bei sehr üppigen Myzelwucherungen entwickeln sich dann meist flache, tellerförmige Fruchtkörper (Abb. 91), welche mit unendlich kleinen, rostfarbenen Sporen (Samen) vollständig bedeckt sind und durch welche auch in den weitaus meisten Fällen eine Übertragung von Haus zu Haus erfolgen dürfte.

Auf Grund dieser Darlegungen ist deshalb die heute noch in einigen Büchern niedergelegte Äußerung, daß der Hausschwamm bei Feuchtigkeit sich von selbst entwickelt, als ganz unrichtig zu bezeichnen.

Von den in Mitteleuropa im Hochbau verwendeten Nadelholzarten bleibt keine vom Hausschwamm verschont. Er macht auch keinen Unterschied zwischen Kern- und Splintholz, desgleichen, ob das Holz im Winter oder Sommer gefällt wurde. Von unseren Laubhölzern wird das Buchenholz ungemein leicht vom Hausschwamm befallen, weniger leicht das Eichenholz; dieses besitzt — zum mindesten nach Laboratoriumsversuchen — sogar eine gewisse Immunität. Von einer vollständigen Immunität kann aber, wie die Erfahrungen der Praxis zeigen, keine Rede sein.

Der echte Hausschwamm hat im frischen Zustande einen angenehmen Geruch; wenn jedoch die Fruchtträger des Pilzes absterben und verfaulen, entwickeln sich naturgemäß höchst unangenehm riechende Gase in reicher Menge und ist es zweifellos, daß diese Gase auf die Gesundheit der Menschen, die in solchen Räumen wohnen, nachteilig wirken. Dazu kommt noch, daß der Pilz große Wassermengen verdunstet, wodurch die Wohnräume feucht werden und hierauf auch wohl das oftmalige Auftreten verschiedener Krankheiten zurückgeführt werden kann, ohne damit behaupten zu können, daß der Pilz giftig sei, für welche Annahme nicht einmal eine Wahrscheinlichkeit vorliegt.

Zur Entwicklung des Hausschwammes, welche vorzugsweise durch die Verwendung nassen, vielleicht schon am Lagerplatz infizierten Holzes, ungeeigneter feuchter Füllmaterialien und dgl. gefördert wird, gehört aber nicht nur allein die Gegenwart von Sporen oder Myzel, sondern auch diejenige von Alkalien. Hieraus erklärt sich auch die Schädlichkeit der Verunreinigung der Bauten durch Urinieren usw.

---

1) Die Krankheiten unserer Waldbäume von Prof. Dr. W. Neger.

Aus diesen Darlegungen folgt, daß auch bei Vornahme von Reparaturen streng zu unterscheiden ist, ob es sich hierbei um einen echten oder unechten Hausschwamm oder um eine Trocken- oder Naßfäule handelt. Bei Vornahme von Hausschwammreparaturen ist deshalb große Vorsicht am Platze und eine strenge, fachmännische Untersuchung angezeigt. Bei einer echten Hausschwammerkrankung muß unbedingt alles, selbst das in der Nähe befindliche Holzwerk entfernt und bis auf den Ursprung der Feuchtigkeit zurückgegangen werden. Ebenso wird man durch Trockenlegung des Mauerwerks, Luftzuführung, Isolierung, Imprägnierung oder wenigstens Bestreichen des neuen, gesunden und ganz trockenen Holzes mit karbol- und kreosolhaltigen Stoffen, Antinonnin[1]) ein wiederholtes Auftreten einschränken können. Alle in neuerer Zeit empfohlenen Hausschwammittel helfen an bereits infiziertem Holze nichts, abgesehen davon, daß viele derselben überhaupt wertlos sind.

Das einzige Radikalmittel gegen Hausschwammerkrankungen ist die Verwendung vollständig gesunden und trockenen Holzes, auf trockener Lagerung und Schutz vor jeder Infektion.

Das Vorkommen dieses gefährlichsten aller Holzparasiten in einem Hause bedeutet eine außerordentliche Wertminderung des Besitzes und wird der Verdacht der Schwammgefahr immer auf einem solchen Hause lasten; zudem ist die Vertilgung des Schwammes schwierig, mit großen Kosten verbunden und trotzdem der Erfolg oft recht zweifelhaft.

Das Verschweigen des Vorhandensein oder auch nur des Verdachtes einer Hausschwammerkrankung kann beim Verkauf des Hauses für den Verkäufer sehr schlimme Folgen nach sich ziehen und sind die Hausschwammprozesse mit Recht gefürchtet und berüchtigt.

VII. Die verschiedenen Holzarten, die botanischen Verhältnisse, die geographische Verbreitung, die technischen Eigenschaften und die wichtigsten Verwendungsweisen.[2])

Die Einteilung und Verwendung der Holzarten im allgemeinen. Alle unsere Bäume und Sträucher verteilen sich auf die zwei großen Gruppen: Nadel- und Laubhölzer. Für die südlichen Gegenden reihen sich als dritte Gruppe die als Holz bezeichneten Stämme und Stammteile gewisser Monokotyledonen an, zu welchen das Palmenholz sowie der Bambus und andere Rohre gezählt werden.

1) Antinonnin ist ein Produkt des Steinkohlenteers und chemisch das Kaliumsalz des Dinitro-Orthokreosol. Es stellt eine orangegelbe, sehr wirkungsvolle, leicht in Wasser lösliche Paste dar, welche meist in 2%iger Lösung verwendet wird. Das gestrichene Holz erhält hierbei eine intensiv gelbe Farbe.

2) Es war ursprünglich beabsichtigt, dieser Besprechung Preise der einzelnen Rohholzarten und der handelsüblichen Schnittwaren beizufügen. Bei der Unsicherheit und den heutigem steten Wechsel dieser Preise ist eine genauere Angabe derselben unmöglich. So kostete beispielsweise 1 cbm Fichtenschnittholz im Jahre 1914 50—60 Mark, im Herbst 1921 800—840 Mark, im November 1921 bis 1600 Mark, im März 1922 bis 2000 Mark und heute im April 1922 schon 3600 Mark; während für ausgesuchte reine Ware selbst 5000 Mark und schon mehr bezahlt werden. Diese enormen Steigerungen und Schwankungen beziehen sich auf sämtliche in- und ausländischen Holzarten. Es müssen deshalb ruhigere Verhältnisse abgewartet werden, worauf dann dem Buche ein eigenes Preisblatt beigefügt werden kann.

Die Vertreter dieser Gruppen weichen nicht nur in ihrer äußeren Erscheinung als Bäume deutlich und unverkennbar voneinander ab, sondern auch in ihrem anatomischen Bau.

Die Verwendung der Holzarten in den einzelnen holzverarbeitenden Gewerben ist eine sehr vielseitige und verschiedene. Die größten Mengen Holz benötigt im Baugewerbe die Zimmerei; der Hauptteil entfällt hier auf die Nadelhölzer Fichte und Tanne, in geringerer Menge Kiefer und Lärche. Von Laubhölzern kommt nur die Eiche, für Wasserbauten evtl. noch Ulme, Erle und Rotbuche in Betracht. Das ausgesuchteste Eichennutzholz beansprucht hier vor allem anderen der Schiffbau.

Die ausgedehnteste Verwendung findet das Holz unstreitig in der Schreinerei (Tischlerei). Doch auch hier ist der Verbrauch in den einzelnen Arbeitszweigen ein sehr ungleicher. Während die Verwendung der Nadelhölzer in der Bauschreinerei vorherrscht, werden diese in der Möbelschreinerei nur zu einfachen, billigeren oder untergeordneten Arbeiten benützt. Zu besseren Arbeiten finden hier meistens Laubhölzer, und zwar vor allem Eiche, Nußbaum, Ulme, Ahorn, Kirschbaum, Birnbaum usw., in geringerem Maße aber fast alle anderen, Verwendung.

Die Modell- und Werkzeugschreinerei beansprucht wohl Nadelhölzer, in weit höherem Maße aber von den Laubhölzern Weißbuche, Rotbuche (gedämpft und ungedämpft), Linde, Erle, Apfelbaum, Elsbeere, Weide usw.

In der Holzschnitzerei wird von unseren Nadelhölzern nur die Zirbelkiefer, in wenigen Fällen auch noch die gewöhnliche Kiefer verarbeitet. Das Hauptmaterial liefern auch hier die Laubhölzer, und zwar vor allem Linde, Erle, Nußbaum, Eiche, für die feineren und feinsten Arbeiten noch Birnbaum und Buchsbaum.

Auch das Drechslerhandwerk ist in der Hauptsache auf die Benützung der Laubhölzer angewiesen.

Das Wagnerhandwerk muß wieder an das Holz bezüglich seiner Festigkeit und Zähigkeit die höchsten Anforderungen stellen. Diese Eigenschaften besitzen in besonders hohem Maße nur einige Laubhölzer, und zwar vornehmlich Esche, Ulme, evtl. Birke, in niederem Maße noch junge Rotbuche und Eiche. Von Nadelhölzern wird hier nur die Fichte für spezielle Zwecke, z. B. Wagenleitern, Leiterbäumen u. dgl. benützt.

Die Faßbinderei oder Böttcherei benötigt zur Herstellung von Fässern für gärende Getränke ganz bedeutende Mengen von Stieleichenholz, während die Weißbinderei zur Erzeugung von Schaffeln, Butten u. dgl. in der Regel nur Fichte und Tanne benützt.

A. Europäische Holzarten.

Nadelhölzer.

1. **Das Fichtenholz.** Fichte, gemeine Fichte, Rottanne, auch Pechtanne genannt. — Abies excelsa DC., Picea excelsa Lk. — Mittel- und Nordeuropa, Sibirien. Die Fichte ist ein Reifholzbaum mit weniger harten Jahresringen, dessen Herbst- und Frühjahrsholz im glatt gehobelten Längsschnitt fast gleichmäßig glänzend erscheint. Das Fichtenholz ist von Farbe gelblich oder rötlichweiß, weniger harzarm (hat schon mit freiem Auge sichtbare Harzkanäle), ist leicht, weich, grob, im Wetterwechsel etwas dauer-

hafter als Tannenholz, gut zu spalten und zu verarbeiten. Es ist als vortreffliches Bau-, Werk- und Spaltholz bekannt. Die Fichte liefert auch das meiste Material zu Papiermasse, Holzwolle, künstlicher Seide usw. und gibt bestes Resonanzholz. Fichtenwurzeln werden zu Geflechten, Fichtenrinde als Gerbmaterial, Fichtennadeln zu Fichtennadelöl und Fichtennadelextrakt verwendet.

Eine bemerkenswerte Abart der Fichte, welche sich durch ihre eigentümliche ein- und ausgebuchtete Holzstruktur auszeichnet, ist die im bayerischen Wald, im Böhmerwalde sowie in einigen Gegenden Tirols anzutreffende Haselfichte, welche das allerbeste Resonanzholz liefert, das sehr teuer bezahlt wird.

2. **Das Tannenholz.** Gemeine Tanne, Weißtanne, Silbertanne, Edeltanne. — Abies pectinata DC. — Mittel- und Nordeuropa, Sibirien. Die Weißtanne ist ein Reifholzbaum mit ausgeprägten, scharf abgegrenzten, harten Jahresringen; das Herbstholz ist im glatt gehobelten Längsschnitt etwas glänzend, während das Frühjahrsholz matt erscheint. Das fast harzfreie und von Harzkanälen nicht durchsetzte Holz ist leicht, weich, grob, elastisch, lang- und geradfaserig, gut spaltbar. Die Farbe ist weißlich, zeigt aber oft gelblichen oder rötlichen Anflug. Trocken gehalten ist es außerordentlich dauerhaft; im Wechsel von Nässe und Trockenheit besitzt es des geringen Harzgehaltes halber von allen Nadelhölzern die geringste Dauer. Wegen seiner Leichtigkeit, Elastizität und großen Tragkraft gilt das Tannenholz als vorzügliches Bauholz, ferner als wichtiges Werk-, Brenn-, Möbel- und Geräteholz, Spaltholz zu Binderarbeiten, Schachteln, Siebrändern usw., radial gespalten auch als Resonanzholz. Durch Aufstechen der oft Taubenei großen Rindenbeulen gewinnt man ein Öl, aus welchem der Straßburger Terpentin bereitet wird.

Aus den Nadeln der Tanne werden verschiedene Produkte hergestellt, welche als Koniferengeist, Edeltannenduft u. dgl. im Handel bekannt sind.

3. **Das Kiefernholz.** Kiefer, Föhre, Forle, gemeine Kiefer, Kiene, Weißkiefer, Rotkiefer genannt — Pinus silvestris L. — Mittel- und Nordeuropa. Die Kiefer ist ein Kernholzbaum mit breitem (bis handbreitem) Splint und deutlichen Jahresringen. Das Holz ist von Farbe im Splint gelblichweiß bis gelblichrötlich, im Kern gelbrot bis rotbräunlich, nach dem Fällen nachdunkelnd; grob, langfaserig, schwieriger glatt zu bearbeiten, stark harzig duftend, aber schwerer, härter und harzreicher als Fichten- und Tannenholz, daher auch bei Verwendung im Freien bedeutend dauerhafter als beide. Es wird deshalb in der Bauschreinerei für Fenster und Haustüren verwendet. Man schätzt es auch als sehr gutes Bauholz, jedoch nur für bestimmte Zwecke, z. B. Wasser- und Grubenbauten, Eisenbahnschwellen usw.; für Dachkonstruktionen, weittragende Balken u. dgl. steht es, weil schwerer und weniger elastisch als Fichten- und Tannenholz, diesem nach. In neuerer Zeit ist es, naturfarbig eingelassen, selbst beliebtes Möbelholz. Die Kiefer führt in einigen Gegenden Norddeutschlands im Handel den Namen „Rotholz", zum Unterschiede von „Weißholz", unter welchem dann Fichte und Tanne verstanden werden. Durch Einschnitte in den Stamm wird Harz gewonnen, aus dem gemeiner Terpentin, Terpentingeist (Kienöl) sowie Kolophonium bereitet wird. Die Fabrikation der Waldwolle, welche aus den Nadeln der Kiefern hergestellt und wegen ihrer hygienischen Eigenschaften ein sehr

geschätztes Material ist, sowie das Kiefernnadelöl und der Kiefernnadel-
extrakt sind von keineswegs untergeordneter Bedeutung.

Von weiteren einheimischen Kiefernarten wären zu nennen:

a) Die Schwarzkiefer. Österreich. Schwarzkiefer. — Pinus austriaca
Höss., Pinus Laricio Poir. — Sie ist der obigen fast gleichwertig, nur von
größerem Harzreichtum.

b) Die Zirbelkiefer. Zürbe, Arve. — Pinus Cembra L. — Alpen und
andere Hochgebirge Europas. Kernholzbaum. Von Farbe im Splint gelblichweiß, im Kern rötlichbraun, weich, leicht, wenig glänzend, wohlriechend;
die Feinheit und Gleichheit seines Gefüges machen es zu einem vorzüglichen Schreiner- und ausgezeichneten Schnitzereiholz. Stämme mit vielen
kleinen Ästen bevorzugt.

c) Die Weymouthskiefer (Weimutskiefer). Strobe — Pinus Strobus
L. — Minderwertig, da weniger fest, leichter und harzärmer; übrigens je
nach seinem Ursprung und Alter im Wert sehr verschieden, in Amerika sogar als gutes Hoch- und Schiffbauholz geschätzt.

d) Die Zwergkiefer, Krummholzkiefer, Legföhre, Latsche—Pinus
pumilio Hae., Pinus Mughus (montana) Leop. — Verwendung des Holzes
gering. Das Latschenkiefernöl, welches aus den Nadeln der Zwergkiefer
gewonnen wird, findet als Heilmittel nicht unbedeutende Verwendung.

4. **Das Lärchenholz.** Lärche, Leerbaum — Larix europaea DC. —
Mitteleuropa. Die Lärche zählt zu den Kernholzbäumen, hat meist schmalen
Splint, deutliche Jahresringe und immer scharf geschiedenen Kern. Das Holz
ist von Farbe im Kern gelbrot bis rot, im Splint gelblich, leicht, mäßig hart,
grob, gut spaltbar, sehr dauerhaft auch im Wechsel von Nässe und Trockenheit, daher das wertvollste einheimische Nadelholz. Es findet gleiche Verwendung wie das Kiefernholz, wird aber in bezug auf Dauer noch höher
geschätzt als dieses, von vielen sogar einer schlechteren Eiche vorgezogen.
Der Nutzholzwert des Lärchenholzes ist sehr hoch und wird das Holz von
Stämmen, die im Hochgebirge gewachsen sind (Jochlärchen), als Rot-
lärchen- oder Gebirgslärchenholz besonders gesucht. Die in Niede-
rungen gewachsenen Lärchen werden gewöhnlich als Tal- oder Graslärchen
bezeichnet. Als Brennholz ist es weniger gut geeignet. Der aus der Lärche
gewonnene Terpentin ist der reinste und führt im Handel den Namen
„venezianischer Terpentin.“

5. **Das Zypressenholz.** Gemeine Zypresse — Cupressus sempervirens
L. — Südeuropa, Orient. Das Holz ist sehr fest und dauerhaft. Die bei uns
hauptsächlich angepflanzten Zypressenarten, die Lawson-Zypresse und
die Lebensbaumarten — Thuja gigantea N. und Thuja occidentalis L. —
sind Kernholzbäume mit gelblich gefärbtem, schmalem Splint, und grau-
braunem, oft ungleichmäßig gefärbtem Kern. Ihr Holz ist sehr leicht und
weich, schwer spaltbar, wenig glänzend, aber sehr dauerhaft, von aromatischem Geruch. Wo es heimisch und in größerer Menge vorhanden ist, wird
es als Bau- und Schreinerholz gesucht. Früher wurde es vielfach als Schiffbauholz verwendet. Des selteneren Vorkommens halber kann es in unseren
Gegenden nur gelegentlich für feinere Schreiner-, Drechsler- und Schnitz-
arbeiten gebraucht werden.

6. **Das Wacholderholz.** Gemeiner Wacholder, Kranawettstrauch,
Kranawetter — Iuniperus communis B. — Europa, Sibirien, Nordafrika,

Nordamerika. Das Holz dieses Kernreifholzbaumes ist im Splint gelbweiß, im Kern rötlichgelb bis gelbbraun, von eigentümlichem, aber angenehmem Geruch, weich, aber trotzdem fest und zähe, hauptsächlich in den Wurzeln, schwer spaltbar und sehr dauerhaft. Es wird zu kleineren Schreiner-, Drechsler- und Marqueteriearbeiten verwendet; im Orient ist es ein zu Fäßchen für Slibowitz beliebtes Material. Bekannt ist der Gebrauch der getrockneten Zweige und des Holzes zum Räuchern von Krankenzimmern u. dgl. Hierzu dienen auch die reifen Beeren, welche außerdem noch als Gewürz, Arznei und zu Branntwein benützt werden.

Hierher gehört auch der gemeine Sadebaum (Sevenbaum) — Juniperus Sabina L. —, welcher in den Gebirgen Deutschlands zu finden und des in seinen Zweigen enthaltenen scharfen ätherischen Öles wegen eigentlich unseren Giftpflanzen beizuzählen ist. Das Kernholz desselben ist von angenehmem Geruch, schön bläulichrot und als Bleistiftholz unter dem eigentümlichen Namen „rotes Zedernholz" im Handel. Da aber der gemeine Sadebaum nur geringe Stärken erlangt, überdies schon sehr selten ist, nimmt man Bleistiftholz zumeist von dem virginischem Sadebaum — Juniperus virginiana L. —, mit welchem auch in Deutschland (Zedernwald bei Nürnberg) Anbauversuche gemacht wurden, welche im allgemeinen günstige Resultate ergaben.

7. **Das Eibenholz.** Eibenbaum, Roteibe — Taxus baccata L. — Europa, Kaukasus. Der Splint dieses Kernholzbaumes ist sehr schmal, ungleich verteilt, von Farbe gelblichweiß, der Kern schön dunkelbraunrot. Die Jahresringe sind sehr schmal. Das Holz ist schwer, hart, fein, schwer spaltbar, sehr dauerhaft, sehr elastisch und zähe (Anwendung zu Armbrustbogen), gut zu beizen und zu polieren; ein vorzügliches Kunstschreiner-, Drechsler- und Schnitzerholz besonders zu Einlegarbeiten, Faßhähnen (Faßpiepen) u. dgl., wird aber leider immer seltener. Roteibenmaser ist als Furnier sehr schön und wertvoll.

Die Nadeln der Roteibe sind für manche Tiere Gift, namentlich den Rindern und Pferden gegenüber ist größte Vorsicht nötig, da sie, an diese verfüttert, schwere Erkrankungen verursachen, ja selbst tödlich wirken können; 5 Gramm Nadeln genügen zur Vergiftung eines Kaninchens. Auch im Holze ist der Giftstoff — Taxin samt Ameisensäure —, wenn auch in geringeren Mengen, vorhanden. Der Eibenbaum ist leider bei uns im Aussterben begriffen; denn er findet infolge seines ungemein langsamen Wachstumes — eine Stammscheibe meiner Sammlung mit nur 20 cm Durchmesser zählt über 210 Jahresringe — im heutigen Wirtschaftsleben keinen Platz mehr.

Da das einheimische Eibenholz den Bedarf nicht decken konnte, wurde vor dem Kriege vielfach kaukasische Eibe eingeführt, hier zu Furnieren geschnitten und zu Möbeln verarbeitet.

Laubhölzer.

8. **Das Eichenholz.** Hier kommen in Betracht: a) Die Stiel- oder Sommereiche — Quercus pedunculata Ehrh. —; b) Die Stein-, Winter-, Trauben- oder Haseleiche — Quercus sessiliflora Sm. —; c) Die Zerreiche, österreichische, Burgunder- oder türkische Eiche — Quercus Cerris L. —. Mittel- und Südeuropa. Diese Kernholzbäume mit scharf getrenntem unbrauchbarem Splint und charakteristischen Markstrahlenspie-

geln sind im Holzkörper ringporig, von Farbe im Splint gelblichweißschmutzig, im Kern gelblich, rötlich oder graubraun. Das Holz ist schwer, fest, hart, langfaserig, leichtspaltig, sehr dauerhaft; im frischen Zustande drängt sich ein starker Geruch nach Gerbsäure auf. Das Eichenholz ist als ein Nutzholz ersten Ranges zu bezeichnen, welches beim Hoch-, Erd- und Wasserbau, sowie zu Eisenbahnschwellen vortrefflich geeignet ist. Für den Schiff- und Waggonbau ist es das wertvollste Holz und findet für diese Zwecke vornehmlich das Stein- und Haseleichenholz Verwendung. Zur Herstellung massiver und furnierter Möbel, in der Bauschreinerei zu Fenstern, Türen, Fußbodenbelag wird es sehr stark verwendet. Das Holz der Stieleiche, vornehmlich jenes der slawonischen Eiche, gibt zugleich das beste Faßholz. Das Holz der Zerreiche hat große und viele Gefäße, ist daher weniger dicht und fest und als Bau- und Faßbinderholz ungeeignet, überhaupt weniger wertvoll. Im allgemeinen bezeichnet die Praxis die härteren, festeren und dichteren Eichensorten als Steineichen bzw. Haseleichen, die minder harten als Sommereichen, fälschlich auch als Kohleichen, doch sind dies nicht immer Spezies-Unterschiede. Eichenrinde ist ein geschätztes Gerbmaterial. Eine weitere höchst wichtige Verwendung findet die Außenrinde der in Südeuropa vorkommenden immergrünen Korkeiche — Quercus suber L. —, der sommergrünen spanischen Eiche — Quercus occidentalis Sag. —, sowie anderen Arten als Kork- oder Pantoffelholz, zu Flaschenpropfen (Stöpseln), Schwimmgürteln und verschiedenen anderen Zwecken.

Das schön bläulichbraun bis selbst dunkelblaugrau gefärbte Holz der sog. „Wassereiche" oder „Schwarzeiche" stellt keine besondere Eichenart, sondern gewöhnliches, oft jahrhundertelang im Wasser gelegenes Eichenholz dar. Auch das vielfach als „Mooreiche" bezeichnete Eichenholz ist nichts anderes, als eine durch verschiedene Feuchtigkeits- oder Bodeneinflüsse rotbraun gefärbte Eiche.

Die Eichenbestände Mitteleuropas waren vor dem Kriege nicht mehr imstande, den immer höher gewordenen Bedarf der Industrie zu decken. Man mußte deshalb nach anderen Quellen Umschau halten und wurde zu diesem Zwecke viel ausländisches Eichenmaterial eingeführt; so namentlich die amerikanische Weißeiche — Quercus alba L. — und die nach der prächtig scharlachroten Herbstfärbung ihrer Blätter benannte, aber weniger wertvolle amerikanische Roteiche — Quercus rubra L. —, sowie in letzterer Zeit auch verschiedene japanische Eichen.

Von all diesen eingeführten Eichenholzarten kann aber keine in bezug auf Güte des Holzes unserer deutschen Sommer- und Stieleiche gleichgestellt werden. Interessant ist, daß vor dem Kriege 1 cbm geschnittenes, schönes japanisches Eichenholz, welches den Weg um fast die halbe Welt gemacht, in Süddeutschland mit 156 — 165 Mk. bezahlt wurde, während 1 cbm einheimischer Spessart-Stieleiche bis zu 500 Mk. kostete.

9. **Das Buchenholz.** Buche, Rotbuche — Fagus silvatica L. —. Europa und Orient. Dieser Splintbaum ohne Kern zeigt deutliche Jahresringe und Markstrahlenspiegel. Der Holzkörper ist zerstreutporig, von Farbe schön gelblichrot oder licht rötlichbraun, frisch immer etwas heller. Das Holz ist mittelschwer, hart, fest, stark schwindend und arbeitend, im frischen Zustande gut spaltbar, gut zu beizen, äußerst dauerhaft unter Wasser und im Trockenen, doch wird es bei letzterer Verwendung leicht vom Wurm ange-

griffen. Absolut unbrauchbar ist es im Wechsel von naß und trocken, wobei es sehr bald stockig wird; gedämpft sehr zähe und leicht zu biegen, daher Hauptmaterial zur Erzeugung gebogener Möbel. Vorzügliches Brennholz. In der Schreinerei wird es zu einfachen Möbeln und Konstruktionsteilen, gedämpft zu Fußbodenbelag, auch besseren Möbeln, imprägniert zu Eisenbahnschwellen, Straßenpflaster, gebeizt und gefärbt als Zigarrenkistchenholz verwendet. Es gilt als sehr gutes Wagner- und Faßbinderholz; für Werkzeuge ist es weniger geeignet.

10. Das Ulmenholz. Gemeine Ulme, Feldulme, Rüster, Rotulme — Ulmus campestris Spach. —; die Flatterulme, Flatterrüster, Weißrüster — Ulmus effusa Willd. —; die Waldulme, Berg- oder Haselrüster — Ulmus montana Smith. — Europa, Asien. Kernreifholzbäume mit gelblichweißem, aber nachdunkelndem brauchbarem Splint von ungleicher Breite. Die Jahresringe zeigen im Frühjahrsholz große Poren, im Herbstholz wellige Striche. Der Holzkörper ist ringporig, im Kern von Farbe hellbraun bis schön dunkelrotbraun, oft fleckig und maserig, bei der Rotulme immer dunkler, der Flatter- und Waldulme lichter. Das Holz ist ziemlich schwer und hart, grobfaserig, elastisch, zähbiegsam, schwerspaltig und gehört mit zu den festesten und dauerhaftesten Holzarten, sowohl bei Verwendung im Trockenen, als im Freien und unter Wasser; deshalb gilt es auch als sehr gutes Wasserbauholz. Als ausgezeichnetes Wagner-, in neuerer Zeit auch vielverwendetes Möbelholz, ist es seiner schwierigen Bearbeitung halber beim Schreiner nicht sonderlich beliebt. Das Holz der Bergulme wird weniger geschätzt als das der Feldulme, aber höher als das der Flatterulme. Die Ulmenmaser ist sehr schön und wertvoll.

11. Das Eschenholz — Fraxinus excelsior L. —. Größter Teil von Europa, Orient. Die Esche ist ein Kernbaum mit sehr breitem Splint, der Holzkörper ringporig, in der Jugend gelblichweiß, im Alter nachdunkelnd, der Kern oft fast braun. Das Holz selbst ist ziemlich schwer und hart, fest, sehr zähe und elastisch, schwer- aber geradspaltig, politurfähig, im Trockenen dauerhaft, im Wechsel weniger. Der Holzwert wechselt jedoch nach Standort und Bodenverhältnissen ganz gewaltig, wie auch das Eschenholz sehr leicht durch eine unrichtige künstliche Trocknung in seinem Werte stark beeinflußt werden kann. Ein vorzügliches Wagner- und vielseitig verwendetes Werkholz wird es zur Herstellung von Axt- und Hammerstielen, Turngeräten, auch als Möbelholz verwendet. Besonders geschätzt ist die Eschenmaser (Ungarisch Eschen), mit welligem Verlauf der Fasern zu Furnieren. Großer Wertschätzung als Furnierholz erfreut sich die sog. türkische Esche, deren schlichtes Holz eine schöne dunkle längsgestreifte Zeichnung aufweist; türkischer Eschenmaser, sog. „Blumenesche", ist sehr gesucht zu Einlegearbeiten. Auch ein aus Amerika, bei uns als „amerikanische Esche" gehandeltes Holz ist als Furnier wegen seiner rötlichgelben Farbe und Fladerung für alle Arten feinerer Möbel beliebt.

12. Das Weißbuchenholz. Weißbuche, Hainbuche, Haine, Hornbaum, Hagebuche — Carpinus betulus L. — Ganz Europa. Die Weißbuche — mit der Rotbuche nur namensverwandt, da keiner gleichen Art angehörig — ist ein Splintbaum mit wellenförmigen Jahresringen. Der zerstreutporige Holzkörper ist von Farbe grauweiß oder weißlich, etwas glänzend, bekommt im Alter bräunliche Streifen. Das schwere, sehr harte, feine, dichte, schwerspaltige, etwas elastische, aber zähe und feste Holz ist schwer zu bearbeiten; stark „arbeitend", ist es im Trockenen dauerhaft, aber nicht im Wechsel. Als vortreffliches Werkholz ist es zur Herstellung von Hobel-kästen und anderen Werkzeug- und Maschinenbestandteilen, Radkämmen u. dgl., überhaupt zu allem, was Reibung und Stoß auszuhalten hat, vorzüg-lich geeignet.

13. Das Ahornholz. Bergahorn, stumpfblättriger Ahorn, Trauben-ahorn—Acer pseudoplatanus L.—; Spitzahorn, spitzblätteriger Ahorn, Lenne — Acer platanoides L. —; Feldahorn, Maßholder — Acer cam-pestre L. —. Europa; Splintbäume. Der zerstreutporige Holzkörper von Farbe weiß oder gelblichweiß, beim Feldahorn mehr rötlich, häufig mit braunen Stellen, hat mittelschweres, mäßig hartes bis hartes, sehr feines, schwer- aber schönspaltiges, sehr glatt zu bearbeitendes und vorzüglich polierbares Holz. Seine Dauer ist nur im Trockenen eine größere, doch wird es, wenn nicht luftig gehalten, gern von Würmern angegangen. Seine Eigenschaft, nur mäßig zu schwinden, zu reißen und sich zu werfen, macht es zu einem sehr guten Schreinerholz für massive und furnierte Möbel, zur Herstellung musikalischer Instrumente u. dgl. Es findet auch vielseitige Verwendung in der Drechslerei und gröberen Holzschnitzerei. Das Holz des Feldahorn ist härter als das der anderen Arten, aber selten rein von Farbe, überhaupt weniger geschätzt, das Holz des Spitzahorn meist wellig gewachsen; am schönsten und reinsten ist dasjenige des Bergahorn. Die Ahornmaser ist sehr schön. Ahornholz hat hohen Heizwert.

Da sich Ahornholz sehr gut, auch in den zartesten Tönen, beizen und polieren läßt, ist es heute für feinere Salon- und Schlafzimmermöbel sehr beliebt.

Geschnittenes Ahornholz erfordet wegen seiner Empfindlichkeit eine ganz besondere Aufmerksamkeit in seiner Behandlung und Aufbewahrung.

14. Das Nußbaumholz. Walnußbaum — Juglans regia L. —. Europa, Asien. Kernholzbaum mit verschieden breitem Splint. Der zerstreutporige, im Splint von Farbe weißliche bis grauweiße, im Kern graubraune bis schwarz-braune, selbst rötlichbraune, häufig gewässerte und gemaserte Holzkörper, liefert mäßig schweres und hartes, feines, leicht zu bearbeitendes und polier-bares Holz, das aber stark schwindet. Das Splintholz ist sehr biegsam und zähe, das Kernholz elastisch, beide sind nur im Trockenen dauerhaft. Wegen der angenehmen Färbung ist es ein hochgeschätztes und nebst der Eiche wohl das meist verwendete Möbelholz, ferner wichtiges Drechsler- und Bild-hauerholz, wird besonders auch zu Gewehrschäften verarbeitet. Die Wurzel-stöcke geben schönen Maser. Die getrockneten Schalen der grünen Nüsse enthalten einen zum Braunbeizen viel verwendeten Farbstoff (Nußbeize, Körnerbeize).

Besonders geschätzt sind die in den Balkanländern vor allem im Kaukasus vorkommenden Nußbaummaserknollen wegen ihrer oft wunderbaren schwarzbraunen Struktur als Furnierholz in der Möbel- und Klavierindustrie, zur Innendekoration u. dgl. Von dem zur Einfuhr nach Deutschland kom-menden europäischen Nußbaumhölzern gilt das italienische Nußbaumholz wegen seiner schönen rötlichbraunen Farbe als das beste.

15. Das Lindenholz. Winterlinde, Steinlinde, kleinblätterige Linde — Tilia parvifolia Ehrh. —; Sommerlinde, großblätterige Linde — Tilia grandifolia Ehrh. —. Mittel- und Nordeuropa. Reifholzbäume mit breitem Splint Der Holzkörper ist zerstreutporig, von Farbe weißlich, gelblich- oder

rötlichweiß, das Holz weich, leicht, fein, gut aber nicht flach spaltbar, gut zu bearbeiten, wenn richtig ausgetrocknet, sehr wenig arbeitend. Im Trockenen ist es von ziemlich langer Dauer, im Wechsel aber unbrauchbar. Da es sich in jeder Richtung gut schnitzen, drehen und hobeln läßt, ist es ein geschätztes Material für Bildhauerarbeiten, Gußmodelle, Spielwaren u. dgl. In der Schreinerei wird es als Blindholz für furnierte Arbeiten, Reißbretter, Zeichentische gern und mit Vorteil verwendet. Das Holz der Winterlinde ist etwas härter, lichter und fester als das der Sommerlinde. Man bereitet hieraus sehr gute Zeichen- und Schießpulverkohle. Lindenbast wird vielfach verwendet. In Rußland verfertigte man früher aus demselben Seile, Körbe, Decken sowie die zum Verpacken von Waren dienenden Bastmatten.

16. **Das Erlenholz.** Schwarzerle, Roterle, Eller, Else — Alnus glutinosa Gaert —; Weißerle, Grauerle — Alnus incana DC. —. Ganz Mitteleuropa. Splintbäume. Der zerstreutporige Holzkörper ist von Farbe rötlich oder hellbraun, bei der Weißerle etwas glänzend. Ein anderer Unterschied zwischen beiden Arten ist nur in der Rinde und den Blättern, nicht aber im Holze zu finden, welches leicht, weich, gut spaltbar, von sehr geringer Elastizität und leicht brüchig ist; es verträgt ferner keinen Wechsel, ist unter Wasser jedoch dauerhaft, deshalb gutes Wasserbauholz. Vom Schreiner wird es gelegentlich gebeizt zur Nachahmung von Mahagoni, Ebenholz usw. verwendet. Die Erle liefert auch gutes Schnitzer- und Drechslerholz; gedämpft wird es zu Zigarrenkistchen verarbeitet, die Erlenmaser ist zu Galanteriearbeiten, Pfeifenhöpfen u. dgl. gesucht. Die Rinde dient auch zum Gerben.

17. **Das Birkenholz.** Gemeine Birke, Weißbirke, Rauhbirke — Betula verrucosa Ehrh. — Betula alba L. —; Ruchbirke, nordische Birke — Betula pubescens Ehrh. —. Ganz Europa bis in den hohen Norden. Die Birken sind Splintbäume, deren zerstreutporiger Holzkörper von Farbe weißlich, gelblich oder graurötlich, am Wurzelstocke häufig gemasert ist. Das Holz ist von geringer Härte, leicht, fein, sehr zähe, etwas schwerspaltig, stark arbeitend, sehr brennkräftig, aber von kurzer Dauer. Es ist ein sehr gutes Wagnerholz, das auch zur Herstellung verschiedener Gebrauchsgegenstände, in gemaserten Stücken selbst zu feineren Galanterie- und Drechslerarbeiten Verwendung findet. Da das Birkenholz immer ein flammiges Aussehen hat, ist es in den modernen, zarten und ruhigen Tönen gebeizt und poliert von ganz herrlicher Wirkung und deshalb neuerdings auch als Möbelholz beliebt.

Die Birkenmaser gibt schönes Furnierholz, das auch als „schwedische Birke" auf den Markt kommt.

Für feine Möbel wird das Holz einer amerikanischen Birkenart verwendet, das sich durch schöne Struktur und Farbe auszeichnet.

Die Birkenrinde liefert Gerbmaterial, dient ferner zum Dachdecken, zu Körbchen und allerlei Galanteriearbeiten. Der Birkenteer (Birkenöl) wird bei der Bereitung des Juchtenleders verwendet, dient auch als Wagenschmiere. Die Zweige sind vortreffliches Besenreisig, zumal von jungen Bäumen und Ausschlägen. Der bei der Verbrennung des Holzes entstehende Ruß dient zur Bereitung von Buchdruckerschwärze und schwarzer Malerfarbe.

18. **Das Kirschbaumholz.** Süßkirsche, Vogelkirsche — Prunus avium L. — Sauerkirsche, Weichselkirsche, Glaskirsche — Prunus Cerasus L. — Mittel- und Südeuropa, Orient. Kernbäume mit rötlich- oder gelblichweißem Splint und schön rötlichgelb bis gelbrotbraun gestreiftem Kern. Holz zerstreutporig, mäßig hart und schwer, dicht, fein, schwer spaltbar, sehr

stark schwindend, gut zu beizen und zu polieren; im Freien von geringer
Dauer. Schönes, in neuerer Zeit wieder sehr beliebtes Möbelholz, auch vom
Drechsler zu Galanteriegegenständen u. dgl. verarbeitet; jetzt wieder Mode-
holz ersten Ranges.

In diese Gruppe gehören noch:

Die Felsenkirsche, türkische Weichsel, Steinweichsel — Prunus
Machaleb L. —. Südeuropa, Orient. Das Holz nimmt eine schöne Politur
an und wird zu allerlei feinen Drechsler- und Schreinerarbeiten benützt. Die
Hauptnutzung finden jedoch die schlanken Ausschläge zu den bekannten
wohlriechenden Pfeifenrohren, Spazierstöcken, Zigarrenspitzen u. dgl. Derartige Schößlinge werden meist in Weichselgärten gezogen, deren Erträg-
nisse ungewöhnlich hohe sind.

Die Traubenkirsche, Ahlkirsche, Elexenstrauch — Prunus Padus
L. —. Holzkörper zerstreutporig mit breitem, gelblich- bis rötlichweißem Splint
und lebhaft hellbraunem Kern. Ein gutes Holz für den Drechsler und Galan-
teriearbeiter; die Kohle dient zur Pulverbereitung (Sprengpulver).

Der Schlehdorn, Schlehe, Schwarzdorn — Prunus spinosa L. —.
Fast ganz Europa. Holz feinfaserig und sehr hart. Stärkere Stücke liefern
Drechslerholz, die geraden Triebe sehr gute Spazierstöcke (Knotenstöcke).
Das sperrige Reisig dient zum Verdichten (Gradieren) der Salzsole.

19. Das Pflaumenbaumholz. Zwetschgenholz — Prunus domestica L.
u. P. insititia L. —. Mittel- und Südeuropa, Orient. Kernbäume mit schmalem,
rötlichweißem Splint und schön lebhaft rotbraunem bis violettbraunem, oft
ungleichmäßig gefärbtem Kern. Holzkörper zerstreutporig, sehr fein, dicht
und hart, aber sehr spröd, sehr gut polierbar; reißt sehr stark. Zur Herstellung
von Faßhähnen, feineren Kunstschreiner- und Drechslerarbeiten, auch in der
Holzschnitzerei verwendet.

20. Das Birnbaumholz — Pirus communis L. —. Fast ganz Europa. Das
zerstreutporige Holz dieses Reifholzbaumes ist in der Jugend lichtgelb, weiß,
im Alter rötlichbraun, ziemlich schwer, dicht und hart, sehr fein, schwer zu
spalten, wenig elastisch, im Trockenen dauerhaft. Da es sich wenig wirft
und vorzügliche Politur annimmt, ist es ein hochgeschätztes Schreiner- und
Drechslerholz und ein Schnitzholz ersten Ranges. Vom Xylographen wird es
als Surrogat für Buchsbaum, sowie besonders schwarz als Ebenholzimitation
für feine Möbel viel verwendet. Gedämpftes Birnbaumholz findet ausgiebige
Verwendung zur Anfertigung von Zeichengeräten, wie Reißschienen, Drei-
ecken u. dgl.

21. Das Apfelbaumholz — Pirus Malus L. — Fast ganz Europa. Dieser
Kernbaum zeigt breiten, hellrötlichen Splint und braungewässerten Kern. Das
zerstreutporige Holz kommt jenem des Birnbaumes fast gleich, ist nur härter
und fester. Weil es sich stark wirft und reißt ist es weniger beliebt; es wird
vielfach als Werkzeugholz, zu Hobelkästen für Böttcher und Wagner verwendet.

22. Das Akazienholz. Falsche Akazie, Robinie — Robinia Pseudacacia
L. —. Mitteleuropa, Nordamerika. Kernbaum mit meist schmalem, gelblichweißem Splint und gelbbraunem, rötlichbraunem oder grünlichgelbem Kern.
Das schwere, harte, elastische, sehr zähe Holz ist schwer zu spalten und zu
verarbeiten, aber sehr gut zu drechseln. Es besitzt große Brennkraft und
Festigkeit und eine sehr große Dauer. Nach seinen Eigenschaften ist es ein
sehr gutes Nutzholz für Wagner, Drechsler. Als Faßholz für Flüssigkeiten

ist es trotz seiner technischen Eignung seines Geruches wegen unbrauchbar; es wäre auch als Bau- und Konstruktionsholz geeignet und würde jedenfalls benützt, wenn es in größerer Menge zur Verfügung stände.

23. Das Kastanienholz. Echte oder Edelkastanie — Castanea vesca Gaertn. —. Südeuropa, Nordafrika, Orient. Kernholzbaum mit schmalem Splint, der Eiche an Farbe usw. sehr ähnlich, aber durch den Mangel breiterer Markstrahlen von ihr sofort zu unterscheiden. Ein vortreffliches Bau- und Werkholz, als Faßholz hochgeschätzt, auch zu Eisenbahnschwellen verwendbar; vorzüglich geeignet zu Möbeln aus gebogenem Holze, doch weil selten, hier sehr wenig verarbeitet.

Wilde oder Roßkastanie — Aesculus Hippocastanum L. —. Orient; in unseren Gegenden Zierbaum. Splintbaum. Holz zerstreutporig, von Farbe weißlich, gelblich oder gelbrötlich, weich und schwammig, leicht, von gleichmäßiger Struktur: gut zu polieren, geringe Dauer. Gutes Blindholz, wenn nicht von drehwüchsigen Bäumen stammend — was aber meistens der Fall —, ferner zu Kisten, gröberem Schnitzwerk, Holzbrandmöbeln u. dgl. verwendbar; im allgemeinen aber minderwertig.

24. Das Pappelholz. Von den einheimischen Arten kommen folgende in Betracht: a) Die Zitterpappel, Aspe oder Espe — Populus tremula L. — b) Die Silber- oder Weißpappel — Populus alba L. — c) Die Schwarzpappel, auch Felbe oder Felber genannt — Populus nigra L. — d) Die Pyramiden- oder italienische Pappel — Populus pyramidalis Spach. — Europa, Asien, Amerika. Teils Splint-, teils Kernbäume ohne ausgesprochene Jahresringe und Strukturverschiedenheiten. Das Holz ist von Farbe weißlich oder grauweiß, im Kern oft rötlichgelb oder hell grünlichbraun, matt; nur dasjenige der Aspe ist etwas glänzend, auch glätter zu bearbeiten, was bei den anderen Arten sehr schwer fällt. Leicht, weich, schwammig, ohne Festigkeit, schwindet das Holz doch sehr wenig und hat sehr geringe Dauer, so daß es sich nur im Trockenen längere Zeit unzersetzt erhält. Vorzügliches Blindholz in der Möbelschreinerei beziehentlich Füllholz im Wagenbau; es wird auch zu Packkisten, Reißbrettern, Zeichentischen, Zündhölzern verwendet; endlich ist es der beste Rohstoff zur Zellulosefabrikation, wobei wieder aus dem Aspenholz das beste und reinste Papier bereitet wird. Pappelmaser ist oft sehr schön, doch sehr schlecht zu bearbeiten, wird daher heute nur wenig benutzt.

Als Wald- und Parkbaum findet man heute sehr häufig die aus Amerika eingewanderte „Kanadische Pappel" — Populus canadensis Mönch. —, welche wegen ihrer Schnellwüchsigkeit unter allen Pappelarten obenan steht. Das Holz derselben hat gelblich-grünlichweißen Splint und hell- oder graubraunen Kern, ist leicht und grobfaserig, besitzt aber sonst eine milde Struktur.

Es kommt bei uns häufig als „Cottonwood" oder „Poplar", ja selbst ganz fälschlich als „Whitewood" im Handel, wie es auch unter dem Namen „amerikanisches Pappelholz" bei uns eingeführt wurde.

Zur Aufklärung über diese Bezeichnungen diene folgendes: Das richtige amerikanische Pappelholz stammt vom amerikanischen Wollbaum — Populus monilifera Ait. —, einer Pappel, welche mit der Ende des 18. Jahrhunderts in Deutschland eingeführten, oben benannten kanadischen Pappel einige Ähnlichkeit hat. Das als „Whitewood" zu bezeichnende Holz kommt dagegen vom amerikanischen Tulpenbaum —

Liriodendron tulipifera L. —, der auch bei uns eingeführt und in Parkanlagen als schöner Zierbaum häufig anzutreffen ist. Irrigerweise, doch sehr gewöhnlich wird in der Praxis unter amerikanischer Pappel und „Whitewood" ein und dasselbe Holz verstanden und nach Gutdünken bald diese, bald jene Bezeichnung gewählt. Es fehlt eben hier wie bei vielen der überseeischen Hölzer nicht zuletzt an einer richtigen Aufklärung über die Abstammung.

In Deutschland ist für das Holz des Tulpenbaumes die Bezeichnung Whitewood üblich, während in Amerika je nach der Farbe dieses Holzes, welche von weiß bis grünlichgelb wechselt, als handelsübliche Bezeichnungen Whitewood und Yellow Poplar gang und gäbe sind. Für gewöhnlich wird das in Blöcken von 3—7 m Länge und 60—120 cm im Durchmesser auf den deutschen Markt kommende weiße Holz des Tulpenbaumes als Whitewood, das grünlichgelbe hingegen als YellowPoplar bezeichnet. Das auf dem englischen, hin und wieder auch auf dem deutschen Markt unter dem Namen Canarywood erhältliche Holz ist nichts anderes als ein schön saffiangelbes, nicht selten prächtig gemasertes Holz vom echten Tulpenbaum.

Die stärkeren Nutzholzstücke besserer Sorte vom echten amerikanischen Pappelholz wurden in Deutschland vor dem Kriege von gewissenhaften Holzfirmen vielfach unter der Bezeichnung Cottonwood oder auch einfach als „Poplar" eingeführt und gehandelt. In den Unionstaaten wird jedoch unter „Poplar" das lichtbräunliche Holz der großzähnigen Pappel — Populus grandidendata Mchx. — und unter „Cottonwood" das Holz der kanadischen Pappel — Populus canadensis Mnch. —, der kalifornischen Pappel — Populus Fremontii Watson. und der pazifischen Balsampappel — Populus trichocarpa Torr. und Gray — verstanden.

Während das als Whitewood bezeichnete Holz des amerikanischen Tulpenbaumes, weich, leichtspaltig, glänzend, ziemlich gleichmäßig von weiß bis grünlich gefärbt ist und ein vorzüglich geeignetes Material als Blindholz für Furnierungen, Absperrfurniere, Füllungen, Wagenkastendecken und dgl. liefert, ist das echte amerikanische Pappelholz vom Wollbaum, sehr leicht und weich, ziemlich grobfaserig, von Farbe im Splint schmutzig weißlich, zumeist aber bräunlich, im Kern oft schmutzig grünlich; es reicht aber in seinen technischen Eigenschaften nicht an die vorzüglichen des echten Whitewood heran, da es sich sogar sehr gern verzieht und wirft.

25. **Das Weidenholz.** Dieses Holz wird meistens von den beiden verbreitetsten Baumweiden, der Weißweide, Silberweide — Salix alba L. —, der Bruchweide — Salix fragilis L. — und in untergeordneter Weise noch von der Salweide, Palmweide, Solweide — Salix caprea L. — sowie von einigen anderen Arten der höchst zahlreichen Gattung geliefert. Mittel- und Südeuropa, südliches Sibirien. Die Weiden sind Kernholzbäume mit zerstreutporigem Holzkörper, der von Farbe im Splint gelblich, manchmal rötlich, im Kern braungelb oder rötlichgelb ist. Das sehr weiche, wenig feste und dauerhafte Holz gilt als minderwertig, verhältnismäßig besser ist noch das der Solweide. Das Weidenholz findet im allgemeinen ähnliche Verwendung wie das der Pappeln, nämlich zu Blindholz, Spielwaren, Packkisten und dgl. Die jungen Ruten sind sehr gesucht zu Flechtarbeiten, Korbmöbeln usw. Fast gleich wie Pappelholz gehandelt.

26. **Das Platanenholz.** Die beiden bei uns als Zierbäume angepflanzten Gattungen, die abendländische-amerikanische Platane, auch Sycomore genannt — Platanus occidentalis L. — aus Nordamerika, sowie die aus Kleinasien stammende orientalische Platane — Platanus orientalis L. — stimmen im Bau des Holzes vollständig überein; beide sind Kernbäume mit wenig hervortretenden Jahresringen, aber ansehnlichen und sehr zahlreichen Markstrahlen. Der zerstreutporige Holzkörper zeigt breiten, weißlichen oder schwach rötlichen Splint und dunkleren, unserem Rotbuchenholz sehr ähnlichen Kern. Das ziemlich feine, harte und feste, gut polierbare Holz ist sehr schwer zu spalten. In unseren Gegenden wird es sehr wenig verwendet, gelegentlich zu Galanterie- und Drechslerarbeiten, wäre aber, wenn es häufiger vorkäme, ein ganz gutes Werkholz.

27. **Das Buchsbaumholz.** — Buxus sempervirens L. — kommt nur in Südeuropa, Nordafrika, Kleinasien in nutzbarer Baumgröße vor. Splintbaum mit durchaus gleichmäßigem Bau und schöner gelblicher Farbe. Das Holz ist sehr hart, schwer, fest, äußerst schwer spaltbar und sehr dauerhaft. Buchsbaumholz ist für Xylographen, zur Herstellung von Blasinstrumenten, für feinere Drechsler- und Bildhauerarbeiten ein höchst wertvolles Holz und kaum durch ein anderes zu ersetzen; das beste kommt aus dem Orient in den Handel.

In diese Gruppe gehören einige ausländische Bäume, welche wegen der in ihren einzelnen Teilen enhaltenen Stoffe, vor allem wegen ihres Milchsaftes für verschiedene Industrien von größter Wichtigkeit sind; so z. B. der Gummilackbaum — Aleurites laccifera W. — auf Ceylon, von welchem ein großer Teil der zur Bereitung von Schreinerpolitur, Siegellack und verschiedenen anderen Lacken höchst wichtige „Schellack" stammt. Dieser wird auch noch von einigen in die Gruppe der Maulbeerbäume, Feigenbäume gehörigen Ficus-Arten gewonnen. Von anderen indischen und amerikanischen Ficus-Arten, so vor allem von Ficus elastica Roxb. kommt ein großer Teil des überaus wichtigen Federharzes (Gummi elasticum, Kautschuk); ebenso liefert dieses auch eine auf Sumatra wachsende Pflanze — Urceola elastica Roxb.

Unter dem Namen „Buchsbaumholz" kommen heute eine Reihe der unterschiedlichsten Holzarten, deren Abstammung zum Teil noch gar nicht feststeht, auf den Markt. Das wertvollste ist das des gemeinen Buchsbaumes, auch als „türkischer Buchsbaum" gehandelt. — Buxus sempervirens L. —, während der westindische Buchsbaum, welcher von Aspidosperma Vargasii DC. stammt, zu den minderwertigsten zählt. Die botanische Abstammung des westafrikanischen Buchsbaumes ist mit Sicherheit noch nicht festgestellt. Das asiatische Buchsbaumholz ist auch vielfach unter dem Namen „Abassia Buchs" im Handel. Dem echten Buchsbaum sehr ähnlich und von diesem nur durch die gut kenntlichen Markstrahlen und Gefäße (Poren) zu unterscheiden, ist das australische Buchsholz, welches von verschiedenen strauchartigen Pittosporum-Arten stammt und wie Buxus Macovani aus Südafrika, vor dem Kriege in Deutschland, vor allem aber in England als Ersatz für den echten Buchsbaum Verwendung fand. Das Chinabuchsholz stammt von der australischen Aurantiazee — Murraya exotica? —, während das wertvolle japanische aber sehr selten nach Deutschland gelangende Buchsholz von Buxus microphylla Sieb. et Zucc. kommt.

Bei der Bearbeitung der verschiedenen Buchsbaumarten zeigte sich, daß einige von ihnen gesundheitsschädliche Stoffe enthalten, welche lähmend auf das Herz sowie die motorischen Nerven wirken. Nach neueren Untersuchungen ist das im Holze enthaltene Alkaloid[1]) schon in schwacher Salzlösung löslich und wird daher schon auf der schwitzenden Haut des Arbeiters aufgelöst und absorbiert. Dies trifft namentlich beim westindischen Buchsbaum zu, bei dessen Bearbeitung sich anfangs Übelkeit und Atembeschwerden einstellen, bei längerer Verarbeitung aber eine allmähliche Verlangsamung des Herzschlages und schließlich eine Herabsetzung der Herzmuskelkraft eintritt. Buchsbaum, vor allem der westindische, zählt somit zu den gefährlichsten Gifthölzern.[2])

28. **Das Olivenholz.** Ölbaum — Olea europaea L. —. Südeuropa. Kernbaum mit gelblichem, lederfarbenem Splint und schön braun gewässertem Kern. Holz schwer, sehr dicht und fest, hart und dauerhaft. Sehr geschätztes Zierholz mit ausgiebigster Verwendung im Kunstgewerbe.

29. **Das Maulbeerholz.** Schwarzer und weißer Maulbeerbaum — Morus nigra L. und Morus alba L. —. Europa, Orient. Kernholzbäume mit schmalem, gelblichem Splint und rot- oder gelbbraunem Kern. Das ringporige, schwere, harte, dauerhafte und schwerspaltige Holz gleicht sehr dem Akazien- und Ulmenholz. In Süddeutschland wird es nur gelegentlich zu Mosaik- und Galanteriearbeiten verwendet, sonst gilt es in Südeuropa als gutes Faßholz, auch Schiffsbauholz u. dgl. Die Blätter des weißen Maulbeerbaumes geben den Seidenraupen das beste Futter.

30. **Das Vogelbeerbaumholz.** Eberesche — Sorbus aucuparia L. —. Ganz Europa. Kernbaum mit gelblichweißem Splint und bräunlich geflammtem Kern. Holz zerstreutporig, hart, von mittlerer Schwere und Elastizität, äußerst schwerspaltig, fest, aber von geringer Dauer; ein vorzügliches Wagnerholz, gelegentlich auch vom Schreiner, Drechsler und Holzschnitzer verarbeitet. Die Rinde gibt vorzügliches Gerbmaterial.

31. **Das Elsbeerbaumholz.** Atlasbeerbaum — Sorbus torminalis Crantz —. Mittel- und Südeuropa. Reifholzbaum, von Farbe im Splint weißlich, im Reifholz ledergelb bis rotbraun. Das Holz ist ziemlich hart, schwer, gleichmäßig dicht, sehr fest und elastisch, schwerspaltig, im nassen Zustande sehr stark schwindend, aber dauerhaft; vorzügliches Material für Maschinenbestandteile, Instrumente, Formen.

32. **Das Sperberbaumholz.** Speierling, zahme oder Garteneberesche — Sorbus domestica L. —. Italien, Frankreich; bei uns als Zierbaum. Kernbaum; von Farbe im Kern mehr rötlich, fleischfarben, in den sonstigen Eigenschaften und in der Verwendung dem Ebereschenholz ähnlich; jedoch dauerhafter als dieses; wirft sich aber sehr stark.

33. **Das Mehlbeerbaumholz.** Mehlbeere, Mehlbirne, Weißlaub — Sorbus Aria Crantz —. Europa, selbst Norwegen, westliches Asien. Kernbaum, im Splint rötlichweiß, im Kern rotbraun. Das Holz ist feinfaserig, sehr schwer, zäh und fest, schwindet und reißt sehr stark; es wird vom Maschinenbauer, Formstecher, vom Instrumentenmacher zu Maßstäben usw. geschätzt und erzielt hohe Preise.

---

1) Alkaloide = stickstoffhaltige organische Verbindungen (Pflanzenbasen), die teilweise giftigen Charakter, aber auch Heilwirkung besitzen.
2) Gesundheitsschädliche Holzarten, von Prof. J. Großmann. Der Holzkäufer, Zentralblatt Leipzig, Jahrg. 1920, Nr. 100, 101, 102 u. 103.

34. Das Spindelbaumholz. Gemeiner Spindelbaum, Pfaffenkäpp-chenstrauch — Evonymus europaea L. —; Breitblätteriger Spindel-baum — Evonymus latifolia Scop. —. Ganz Europa. Kernreifholzsträucher mit weißlichem Splint und, wenn es zur richtigen Zeit gefällt, mit schönem gelbem Kern. Holz zerstreutporig, ziemlich hart und schwer, fein, dicht, zähe, leicht zu schneiden; zu feineren Drechsler- und Einlegearbeiten, Zahnstochern u. dgl. verwendet.

35. Das Weißdornholz. Hagedorn — Crataegus Oxyacantha L. —. Fast ganz Europa. Holz weißlich bis rötlich, sehr dem Birnbaumholz ähnlich, sehr hart, fest und zähe, gut polierbar, sehr stark schwindend. Vorzügliche Ver-wendung zu Drechslerarbeiten, Hammerstielen, Spazierstöcken.

36. Das Hartriegelholz. Roter Hartriegel — Cornus sanguinea L. —, Gelber Hartriegel, Dirndelholz, Herlitzenstrauch, Kornelkirsche — Cornus mas L. —. Europa und Orient. Ersterer Splint-, letzterer Kern-baum mit rötlichweißem Splint und scharf abgesetztem, tief rötlichbraunem Kern. Das Holz, zerstreutporig, sehr hart und schwer, fest, zähe und fein, wird zu kleineren Dreharbeiten, Hammerstielen, Radkämmen u. dgl. benützt. Die Kornelkirsche liefert auch die als „Ziegenhainer" bekannten Spazierstöcke.

37. Das Hollunderholz. Schwarzer Hollunder, Holler — Sambucus nigra L. —. Ganz Europa, Kaukasus. Holz von gelblichweißer Farbe, fest, hart und zähe, von großer Feinheit, aber geringer Dauer; zu Drechsler- und Wagnerarbeiten, verwendet. Die Wurzelstöcke liefern schönes Maserholz, aus dem Pfeifenköpfe u. dgl. geschnitzt werden.

38. Das Fliederholz. Gemeiner Flieder, spanischer Flieder — Sy-ringa vulgaris L. —. Mitteleuropa. Kernholzstrauch mit gelblichweißem, schmalem Splint und hellbraunem, oft schön rot oder violett gewässertem Kern. Holz sehr hart, schwer und fest, deshalb sehr gutes Holz für kleinere Drechsler-, Einlege- und Kunstschreinerarbeiten, hauptsächlich jedoch in der Stock- und Schirmfabrikation verwendet.

39. Das Stechpalmenholz. Hülsen, Hülsendorn — Ilex Aquifolium L. —. Mittel- und Südeuropa. Splintbaum mit fast unsichtbaren Jahresringen. Das Holz, von Farbe weißlich mit einem Stich ins gelblichgrüne, ist ziemlich hart, schwer, sehr fein, sehr zähe und elastisch, stark schwindend. Es wird als Zierholz für Einlegearbeiten, sonst zu Spazierstöcken, Peitschenstielen, Ladestöcken verwendet.

40. Das Zürgelbaumholz. Triester Holz — Celtis australis L. —. Süd-europa, Nordafrika, Vorderasien, bei uns Zierstrauch. Kernbaum mit ring-porigem Holzkörper, welcher im Splint gelblich, im Kern graubraun erscheint und sehr der Ulme ähnelt. Das Holz ist schwer, hart und fest, äußerst zähe und elastisch, daher unübertreffliches Material für Peitschenstiele (Tiroler Gei-selstecken), Ruder, Wagendeichseln, Blasinstrumente, Angelstecken usw.

41. Das Götterbaumholz. Gemeiner oder drüsiger Götterbaum — Ailanthus glandulosa, Desf. — stammt aus China, ist aber in unseren Gegenden ein beliebter Zierbaum. Kernbaum mit gelblichem Splint und schönem, grau-orangefarbigem Kern. Holz von mittlerer Härte und Schwere, ziemlich bieg-sam, atlasglänzend, im Trockenen dauerhaft. Schönes Material für die Kunst- und Galanterieschreinerei.

Von anderen einheimischen Holzarten, welche zwar ihres selteneren Vor-kommens oder der oft geringen Abmessungen halber als eigentliche Nutz-hölzer nicht gelten können, aber trotzdem für viele Zwecke geeignet sind und eine bessere Verwertung als die des Verbrennens verdienten, wären zu nennen:

42. **Das Haselnußholz.** Gemeiner Hasel — Corylus Avellana L. —. Zu Faßreifen, Bindwieden, Spazierstöcken verwendet.

43. **Das Faulbaumholz.** Pulverholz — Rhamnus Frangula L. —. Zu kleineren Schreiner- und Drechslerarbeiten; beste Kohle zur Pulverfabrikation (Schießpulver).

44. **Das Kreuzdorn- und Wegedornholz.** — Rhamnus cathartica L. und Rh. carniolica —. Sehr gut geeignet zu kleineren Drechsler- und Galanteriearbeiten, Pfeifenröhren usw.

45. **Das Sauerdornholz.** Berberitze, Weinscharl — Berberis vulgaris L. —. Findet in der Drechslerei und zu eingelegten Arbeiten Verwendung.

46. **Das Rainweidenholz.** Der Liguster — Ligustrum vulgare L. —. Verwendung zu kleineren Drechslerarbeiten, hauptsächlich aber in der Stockfabrikation.

·47. **Das Heckenkirschenholz.** Beinweide, Beinholz — Lonicera Xylosteum L. —. Vorzügliche Verwendung zu kleineren Dreharbeiten, Pfeifenrohren, Peitschenstielen, Ladestöcken, Angelstöcken usw.

48. **Der Goldregen.** Bohnenbaum, Kleebaum — Cytisus Laburnum L. —. Zu feineren Drechsler- und Galanteriearbeiten, Maßstäben, musikalischen Instrumenten usw.

49. **Der gemeine Schneeball.** Wasserholder — Viburnum Opulus L. —. Hauptsächlichste Verwendung zu Pfeifenrohren, Schirm- und Spazierstöcken.

50. **Die Weinrebe** — Vitis vinifera L. —. Zu Spazierstöcken und Frankfurter Schwarz.

51. **Die Pimpernuß** — Staphylea pinnata L. —. Gutes Drechsler- und Galanterieholz; die harten Samen dienen zu Rosenkränzen.

52. **Die Baumheide** — Erica arborea L. —. Bruyère Maser. Vorkommen im südlichen Frankreich, Spanien, Korsika und anderen Ländern. Hierbei kommen nur die Wurzelstöcke in Betracht; sie dienen zu Schnitz- und Dreharbeiten, hauptsächlich zu Tabakpfeifen; auch liefern sie eine sehr gute Schmiedekohle.

53. **Der Hirschkolben-Sumach.** Essigbaum — Rhus typhina L. —. Bei uns Zierbaum. Sehr schönes Kunst- und Galanterieschreinerholz.

54. **Der Perückenbaum.** Fisetholz, Ungarisch. Gelbholz — Rhus Cotinus L. —. Schönes Furnierholz; dient auch zum Färben von Leder und Wolle.

B. Außereuropäische Holzarten.

Die Form, in welcher diese Hölzer nach Europa kommen, und hier von den größeren Faktoreien in Handel gebracht werden, ist die des natürlichen Zustandes und zwar als Stämme, Stammteile, Wurzelstücke, Knollen u. dgl. Die Zerkleinerung zu Planken, Pfosten, Abschnitten, Furnieren usw. erfolgt gewöhnlich erst in den Detail-Holzhandlungen, Furnierfabriken oder auch in den Holzwarenfabriken und Werkstätten, welche derartige Hölzer verarbeiten.

Viele derselben haben für die Möbel-, Kunst- und Galanterieschreinerei, Drechslerei, Schnitzerei, Stock- und Bürstenfabrikation, Wagnerei, ja einige selbst für das Baufach auch in Europa eine hohe Bedeutung erlangt, und war der Import solcher Hölzer vor dem Kriege ein ganz gewaltiger.

Da die meisten der ausländischen Holzarten Eigenschaften besitzen, die unseren einheimischen Hölzern fehlen, können sie durch diese nicht ersetzt werden und muß eine Einfuhr einiger derselben, trotz unseres schlechten Valutastandes, auch heute noch erfolgen. Die Zahl der Holzarten, welche vor dem Kriege auf dem Seewege nach Deutschland kamen — meine Sammlung enthält ca. 300 verschiedene Arten —, läßt sich bei der Unmenge von Namen, die einzelne Hölzer im Handel aufweisen, gar nicht feststellen.

Leider ist es von vielen noch nicht möglich, die botanische Abstammung mit Sicherheit festzustellen, sie befinden sich unter allen möglichen — natürlich meist falschen — Namen im Handel.

So lange wir, wie es bei vielen ausländischen Holzarten noch der Fall ist, nur auf die meist zweifelhaften und oft nicht kontrollierbaren Namen, welche die Händler diesen Hölzern geben, angewiesen sind, wird eine genauere Aufklärung nicht nur sehr erschwert, sondern oft geradezu unmöglich gemacht. Aber selbst das Bestimmen nach anatomischen Angaben ist bei einigen dieser Hölzer nicht leicht, da erfahrungsgemäß Holzarten von unterschiedlicher botanischer Abstammung ganz ähnlichen anatomischen Bau aufweisen und umgekehrt wieder nahe verwandte Arten in dieser Beziehung ganz verschiedentlich erscheinen.

Wir wollen nur hoffen, daß es der Wissenschaft weiter gelingen möge, hier richtige Aufklärungen zu bringen und die noch unbekannten Hölzer in verlässiger Weise zu bestimmen.

Unter den ausländischen Holzarten befinden sich mehrere, bei deren Verarbeitung große Vorsicht geboten erscheint. Sie enthalten direkt giftige Stoffe, durch welche bei kürzerer oder längerer Verarbeitung — die je nach der persönlichen Anlage und der Empfindlichkeit jeder einzelnen Person für die Wirkung der Giftstoffe eine verschiedentliche sein kann —, die Gesundheit des Arbeiters Schaden leidet.

Die meisten Erkrankungen bei der Verarbeitung solcher Holzarten äußern sich in bösartigen Hautausschlägen und Entzündungen, wie auch andererseits schon bei der geringsten Verletzung stark eiternde Wunden entstehen. Vielfach treten jedoch auch Kopfschmerzen, Schläfrigkeit, Schwächezustände, Übelkeiten, vor allem aber starke Entzündungen der Nase und des Rachens, Atembeschwerden, ja selbst verminderte Herztätigkeit auf.

Bei der Reichhaltigkeit und der Unsicherheit der Bestimmung einiger überseeischer Hölzer kann leider eine geschlossene namentliche Aufzählung der gesundheitsschädlichen Arten nicht gegeben werden.

Als bestes Schutzmittel gegen diese Erkrankungen erweist sich die größte Reinlichkeit der Haut, Vorsicht und sorgfältigste Behandlung beim Eindringen von Holzsplittern in die Haut oder bei offenen Wunden, sowie größte Reinlickkeit und gute Ventilation der Arbeitsräume.

Von den vielen heute bereits eingeführten verschiedenen ausländischen Holzarten wären als wichtigste zu bezeichnen:

Nadelhölzer.

1. **Amerikanische Terpentinkiefer; südliche Geldkiefer;** Pitchpineholz der Europäer — Pinus palustris Mill. (P. australis Mchx.) — südlicher und südöstlicher Teil der Vereinigten Staaten. Das Holz ist schwer, hart, grobfaserig, sehr dicht, dauerhaft und sehr harzreich, an manchen Stellen

infolge großen Harzreichtums auffallend durchscheinend, von Farbe schön gelbrot bis rötlichbraun. Der Splint ist schmal, weißlich, unbrauchbar. Als beste gilt nicht das schwerste und harzreichste, sondern jenes mit mehr gleichmäßigen Fasern. In seiner Heimat ist es ein vorzügliches Hoch-, Wasser- und Schiffbauholz, bei uns findet es seiner hübschen Färbung, Festigkeit und Dauerhaftigkeit wegen hauptsächlich Verwendung zu Fußböden, Täfelungen, Decken u. dgl., hin und wieder vor allem aber in gemaserten Stücken als Pitch-Pine moirée, auch zu Möbeln.

Im deutschen Holzhandel wird dieses Holz sowohl als „Pitch-Pine", wie auch als „Red-Pine", hin und wieder selbst als „Yellow-Pine" bezeichnet.

Hierzu sei folgendes bemerkt:

Während im deutschen Holzhandel für gewöhnlich die Kern- oder Mittelbretter der amerikanischen Terpentinkiefer als „Pitch-Pine" bezeichnet werden, führen die Seitenbretter (Splintbretter) desselben Holzes, sowie aber auch die auf gewissen Standortsverhältnissen in mehr rötlicher Farbe wachsenden Stücke den Namen „Red-Pine". Das echte „Red-Pine-Holz" — ein beliebtes wertvolles Kiefernholz — stammt jedoch von der amerikanischen Rotkiefer — Pinus resinosa Ait —, während das echte Pitchpineholz der Amerikaner von der verhältnismäßig sehr geringwertigen Pechkiefer — Pinus rigida Mill. — stammt, die auch in Deutschland wegen ihrer Anspruchslosigkeit an die Bodenverhältnisse zur Aufforstung veröteter Waldflächen dient, welche selbst unserer gemeinen Kiefer nicht mehr zusagen.

Das Holz von Pinus palustris wird vom amerikanischen Holzmarkte auch als „Longleaved-Pine" gehandelt.

Das wegen seiner Vollholzigkeit sehr beliebte, weniger harzreiche, magere echte Yellowpineholz stammt von der westlichen Gelbkiefer, auch Bullkiefer genannt — Pinus ponderosa Dougl. —, während das dem deutschen Pitchpineholz und dem Yellowpineholz sehr ähnliche und mit diesen oft verwechselte sog. „Carolinapine" des Holzhandels von der brauchbaren Pinus mitis Michx. (P. echinata Mill.) stammt. Das gleiche gilt auch von der äußerst harzreichen, weitringigen Weihrauchkiefer — Pinus taeda L. —, welche wegen ihres schweren Holzes und der schmalen Splintholzzone für viele Verwendungszwecke ein wertvolles Holz liefert.

2. **Douglastanne; Oregonpine; Douglas Spruce** — Pseudotsuga Douglasi Carr. —. Westliches Nordamerika. Das Holz ist mittelschwer, weich, leicht zu bearbeiten und von großer Dauer. Es besitzt einen schönen hellbräunlichroten Kern und breiten gelben Splint; im allgemeinen sehr unserem Lärchenholz ähnlich, wie es auch diesem an Güte nahesteht. Wegen ihrer Schnellwüchsigkeit und ihres guten Holzes auch in deutschen Waldungen erfolgreich angebaut.

Zu den schönsten in deutschen Waldungen angebauten fremdländischen Nadelbäumen gehört die überaus dekorative Nordmannstanne, Blautanne — Abies Nordmanniana Lk. —, deren Holz dem unserer Tanne fast gleich ist.

3. **Kryptomerie** — Cryptomeria japonica Don. —. Der wichtigste Nadelholzbaum Japans. Das wertvolle Holz ist im Kern schön bräunlichrot, leicht und dauerhaft, dem Holze der Douglastanne sehr ähnlich. Es findet, wenn

es gelegentlich zu uns kommt, in der Kunstschreinerei, in Japan aber die vielseitigste Verwendung für die verschiedenen japanischen Lackarbeiten.

4. **Alerzeholz** — Fitzroya patagonica Hook —. Südliches Chile. Holz etwas hart, leicht und sehr dauerhaft; von Farbe lebhaft fleischrot, glänzend, unserem Eibenholze sehr ähnlich und wie dieses in der Möbelschreinerei verwendet.

5. **Sumpfzypresse** — Taxodium distichum L. —. Sumpfige Gegenden von Virginien und Carolina, auch bei uns versuchsweise angepflanzt und hier in milder Lage und feuchtem Boden ein schöner Zierbaum. Diese Bäume gehören wegen ihrer Größe und ihres Alters — sie erreichen bei Höhen bis über 40 m und einem Durchmesser bis zu 10 m und mehr ein Alter von oft tausend Jahren — zu den merkwürdigsten dieser Ordnung. Kernholzbäume mit schmalem, meist hellem Splint und schmutzig braunem Kern. Holz leicht, elastisch, sehr tragfähig und außerordentlich dauerhaft. Ausgezeichnetes Bau- und Werkholz, welches auch gegenwärtig in Deutschland zu Decken und Wandtäfelungen, sowie zur Ausstattung feinerer Bauten viel verwendet wird.

6. **Das amerikanische Rotholz.** Im Handel „Redwood" genannt. — Sequoia sempervirens Endl. —. Riesige Bäume in den Küstengebieten Kaliforniens. Kernholzbaum mit schmalem Splint und lebhaft rotem Kern. Leicht, weich, feinjährig mit scharfgezeichneten Jahresringen, sehr dauerhaft. In Amerika vorzügliches Bauholz, bei uns seiner Politurfähigkeit wegen in gemaserten Stücken zu Furnieren beliebt, auch zu Bleistiftfassungen viel verwendet.

Die größten Nadelholzbäume der Welt, die auch unter den Laubhölzern an Höhen nur durch einige australische Eucalyptusarten übertroffen werden, sind die in Kalifornien und an verschiedenen Stellen der Sierra Nevada in Höhen bis 2000 m heimischen **Riesensequoien, Wellingtonien, Mammutbäume** — Sequoia gigantea Dex. —. Das Kernholz derselben ist rotbraun, sehr leicht, aber sehr dauerhaft; der gelbliche Splint nur dezimeterbreit. Das Holz steht im allgemeinen an Wert desjenigen der Sequoia sempervirens nach; kommt aber heute nicht mehr im Handel, da die wenigen noch vorhandenen Riesensequoien als Nationaleigentum erklärt und nicht gefällt werden dürfen.

Die **Wellingtonia** ist auch heute als Parkbaum in geschützten Gegenden in Deutschland zu finden, wo sie mit 30 Jahren ca. 22 m Höhe und 70 cm Durchmesser in Brusthöhe erreichen kann.

7. **Kaurifichte** — Agathis australis Salisb. — Neuseeland. Gruppe der Araucarien. Das Holz ist weißlich bis strohfarben, manchmal hellbräunlich oder hellrötlich, behobelt seidenartig glänzend, angenehm duftend und gut politurfähig. Es kam vor dem Kriege hin und wieder nach Deutschland und war hier seines hohen Nutzholzwertes wegen als Werk- und Kunstschreinerholz sehr beliebt.

8. **Die Pinkos-Knollen.** Australien. Abstammung noch unbekannt, wahrscheinlich die Ast- oder Wurzelknoten einer Schmucktanne. Holz rotgelb bis dunkelrot, schwer, sehr zähe und harzreich, kaum spaltbar, nach allen Richtungen aber leicht zu schneiden, von großer Dauer. Vorzügliches Material für den Drechsler, da es fast alle Eigenschaften — mit Ausnahme der Farbe — vom Elfenbein besitzt. Als Gewichtsholz in Knollen im Handel.

9. **Thujamaser.** Sandarakbaum; Sandarakzypresse — Callitris qua-
drivalvis Vent. —. Nordafrika (Atlasgebirge). Kommt nur in Knollen auf
den Markt, die zu Furnieren geschnitten werden. Das Holz ist ungleich
hart, prächtig gemasert, von Farbe schön rötlichbraun mit vielen größeren
und kleineren schwarzbraunen Augen und bildet für Möbelfüllungen, Einlegearbeiten und andere Kunstschreinerarbeiten ein beliebtes und äußerst
wertvolles Material.

1 Blatt Furnier kostete je nach Größe und Schönheit der Augen vor dem
Kriege 0.80 bis 2.60 M.; heute 30 bis 70 M.

Aus der Rinde des Baumes fließt nach Verletzungen das „Sandarak-
harz", welches zu Firnissen, Lacken und medizinischen Zwecken verwendet
wird.

10. **Zedernholz.** Unter diesem Namen sind heute eine Menge Holzarten
im Handel, welche von verschiedenen in Nordafrika, Asien und Amerika
vorkommenden Koniferen (Zapfenträgern) abstammen. Das Holz der echten
Zeder — Cedrus Libani Barr. — kommt kaum mehr zur Verwendung.
Das meiste Holz dürfte heute wohl von der Atlaszeder — Cedrus atlan-
tica Magn. —, sowie der Deodorazeder (Himalayazeder) — Cedrus Deo-
dora Roxb. — wie auch von einigen in Amerika heimischen Zedernarten
kommen. Die meisten der heute im Handel befindlichen Zedernarten besitzen ein weiches, sehr wohlriechendes Holz, welches wegen seiner Dauerhaftigkeit und schönen braunroten Farbe, für viele Zwecke sehr beliebt
ist. Die größte Verwendung dürfte wohl das Zedernholz als Mahagoni
zu Galanterie- und Drechslerarbeiten sowie als Furnier für Möbel u. dgl.
finden.

Das Holz verschiedener nordamerikanischer Zedernarten steht heute
unter der handelsüblichen Benennung „White Cedar" im Verkehr, während
das Holz des auf Seite 95 beschriebenen virginischen Sadebaumes,
virginischer Zeder, Bleistiftzeder — Iuniperus virginiana L. — als
„Red Cedar" gehandelt wird, obgleich auch vielfach unter diesem Namen
das Holz der Riesenzeder (Riesenlebensbaum) — Thuja gigantea
Nutt. — im Handel ist.

Der Verkauf der verschiedenen Zedernhölzer findet teils als Gewichtsholz, hin und wieder auch nach dem Kubikmeter, bei Furnieren nach dem
Quadratmeter statt. Das vor dem Kriege in gewaltigen Mengen zu Zigarren-
und Zuckerkisten unter dem Namen „Zedrelaholz", „spanisches- oder
Kubazedernholz", „falsches Zedernholz", auch als „Acajou femelle"
eingeführte und verarbeitete Holz dürfte wohl größtenteils von — Cedrela
odorata L. — stammen. Dieses Holz gehört nicht zu den Nadelhölzern,
sondern in die Ordnung der Rebengewächse (Ampelideaen), Holzgewächsen
mit immer grünen Blättern.

Das Holz ist von rötlich zimtbrauner Färbung, im Längsschnitt grob,
nadelrissig (porös), lebhaft glänzend mit meist kenntlichen Markstrahlen;
sonst weich und leicht, spröde, mit starkem aromatischem Geruch, dem echten
Mahagoni sehr ähnlich und von diesem mit freiem Auge zumeist nur durch
den Geruch zu unterscheiden.

Das zu Zigarrenkisten verwendete Holz muß vollkommen gesund sein,
da eine gute Zigarre sehr empfindlich ist und jeden muffigen, schlechten,
durch wurmige, faule oder sonst fehlerhafte Stellen in Blöcken entstandenen
Geruch sofort annehmen würde.

In seiner Heimat findet dieses auch als Zigarren- oder Zuckerkisten-Zedernholz bezeichnete Zedrelenholz als Blindholz für Möbel sowie beim Haus- und Schiffbau Verwendung.

Laubhölzer.

11. Mahagoniholz; von verschiedenen Bäumen.

a) Echtes Mahagoni; in Frankreich „Acajou" auch „Acajou à meubles", spanisch „Caoba" genannt. Unter diesen beiden letzteren Namen auch vielfach in Deutschland als besondere Holzarten gehandelt. Stammpflanze: — Swietenia[1]) mahagoni L. —. Zählt zu den schönsten und stattlichsten Bäumen in Westindien und Zentralamerika und gehört nach Wachstum, Alter und Größe mit zu den Riesen im Baumreich. Je nach Herkunft aus den verschiedenen Ländern, in denen der Baum wächst, werden unterschiedliche Handelssorten wie Kuba-, San Domingo-, Tabasko-, Mexiko-, Honduras-, Guatemala-, Panama-, Nicaragua-Mahagoni usw. unterschieden, welche Sorten jedoch im Wert nicht alle gleich hoch stehen.

Als bestes gilt das Tabasko-Mahagoni, welches wie das Guatemala- und Honduras, in oft bis zu 12 m langen und vornehmlich die beiden letzteren Sorten bis über 1 m starken, vierkantig roh behauenen Blöcken nach Europa kommt. Ihm zunächst steht das Kuba-Mahagoni, von welchem jedoch auch ziemlich geringwertige Sorten im Handel sind; dies wird zumeist in Blöcken, welche bis zu 7 m lang und 60 cm und mehr stark sind, eingeführt. Ob alle diese genannten Sorten jedoch vom echten Mahagoni stammen, ist sehr zweifelhaft.

Das Holz selbst ist mäßig schwer bis schwer, hart, schwerspaltig, in Hitze wie Kälte außerordentlich beständig, sehr wenig schwindend und reißend, schön zu polieren, von Farbe im Kern rötlichgelb bis rotbraun, dunkelt allmählich nach und wird kastanienbraun; es kommt gleichmäßig schlicht, gefleckt, gewellt, geflammt und gemasert — besonders schön geflammte Stücke als „Pyramiden-Mahagoni" bezeichnet — in den Handel.

Mahagoniholz steht an der Spitze der überseeischen Holzarten, welche bei uns ausgesprochene Verwendung finden und gilt als Modeholz ersten Ranges; es besitzt nicht nur eine große Widerstandsfähigkeit gegen äußere Einflüsse, sondern auch gegen holzfressende Würmer und Insekten.

Vielbegehrtes Möbel-, Kunstschreiner-, Drechsler- und Bildhauerholz und wegen seines geringsten Schwindmaßes unter allen Holzarten zu photographischen Apparaten, Kästchen, Wagen u. dgl. vorzüglich geeignet.

Das Mahagoniholz gehört zu den giftfreien Hölzern.

b) Falsches Mahagoni; unechtes Mahagoni; Madeira-Mahagoni; Gambia-Mahagoni; Cailcedraholz; von — Khaya senegalensis Guill. et Pers. — und wahrscheinlich noch von anderen Bäumen. Senegambien. Wird auch vielfach als „afrikanisches Mahagoni" bezeichnet. Es ist dem echten Mahagoni sehr ähnlich, mehr rotbraun, etwas härter und schwieriger zu bearbeiten; findet aber sonst gleiche Verwendung wie das echte.

Weißes Mahagoniholz; Bastardmahagoni; Kolonialmahagoni;

---

1) Nach dem 1772 in Wien verstorbenen Leibarzt der Kaiserin Maria Theresia, Gerard von Swieten, so benannt.

Acajouholz. Stammt von dem im tropischen Amerika heimischen Nieren-
oder Elefantenlausbaum — Anacardium occidentale L. —. Holz rötlich, mäßig hart.

Die nierenförmigen Früchte — westindische Elefantenläuse — enthalten ein an der Luft schwarz werdendes, brennend scharfes Öl, welches
auf der Haut Entzündungen hervorruft und zur Herstellung einer unaus-
löschlichen Tinte Verwendung findet.

Als „weißes Mahagoni", „Prima Veraholz", wird vielfach auch ein
hell ockerrötlichgelbes, ziemlich hartes, mittelschweres Holz bezeichnet,
welches aus Mexiko in 3 bis 4 m langen und bis über 40 cm starken Blöcken
nach Europa kommt und hier zu Funieren geschnitten in der Möbelschreinerei Verwendung findet.

c) Afrikanisches Mahagoni. In alljährlich steigender Menge kamen
vor dem Kriege verschiedene Holzarten von der Westküste Afrikas als
„afrikanisches Mahagoni" nach Deutschland, die je nach den Ausfuhrhäfen als Sapeli-, Lagos-, Axim-, Kamerunmahagoni u. dgl. in den
Handel kamen. Mit Ausnahme des schön geflammten und für Möbel sehr
beliebten „Sapeli-Mahagoni" sind alle diese Sorten minderwertiger als
das echte Mahagoni. Sie unterscheiden sich von diesem durch einen teils
helleren, teils dunkelrötlichbraunen Farbton, wie sie auch dem echten Mahagoni an Härte, Schwere und den sonstigen guten Eigenschaften (geringe
Schwundverhältnisse und sehr geringes Werfen und Verziehen) erheblich
nachstehen.

Die Abstammung aller dieser Arten ist zumeist noch unsicher und unbe-
stimmt; vielfach werden sowohl Khaya senegalensis als auch verschiedene
Cedrelenarten als Stammpflanzen angenommen.

Dem hellsten Mahagoni ähnlich, aber weniger preiswert, sind die in
größeren Mengen als „Okumé" und „Gabun" gehandelten Sorten. Die
botanische Abstammung dieser beiden Arten ist durchaus unsicher; auch
hier dürfte es sich dem Bau nach um Cedrelenarten handeln. Beide Sorten
finden vornehmlich als Blindholz sowie zur Innenausstattung von Möbeln
u. dgl. vielseitige und vorteilhafte Verwendung.

Als „Kapland-Mahagoni"; Niesholz, Goldholz, kam früher aus
Afrika (Kapkolonie usw.), ein schweres und hartes, doch leicht zu bearbeitendes Holz, welches auf dunkelgelbem Grunde, rötlich- bis schokoladebraun gezeichnet ist und auf der polierten Fläche einen ganz eigenen Gold-
schimmer zeigt, hin und wieder nach Deutschland. Als Stammpflanze gilt
— Ptaeroxylon obliquum Rdlk. —. Bei seiner Verarbeitung reizt es zu starkem Niesen.

Zu den Nieshölzern gehört auch das, zuweilen aus Brasilien nach
Deutschland gekommene „Pfefferholz", welches von asphaltbrauner Farbe
mit stellenweise schwärzlichen Flecken ist, einige Härte und Schwere besitzt
und bei der Verarbeitung einen starken Pfeffergeruch, der zum fortgesetzten
Niesen reizt, absondert. Die Stammpflanze des Holzes ist unbekannt.

Große Ähnlichkeit mit dem dunkleren afrikanischen Mahagoni
besitzt ein im Handel ziemlich häufig als „afrikanischer Birnbaum",
hin und wieder auch als „Indouka" vorkommendes Holz, welches vielfach
zu Möbeln verarbeitet wurde. Das Holz kommt in unterschiedlichen Farben-
nuancen teils heller, teils dunkler vor, ist lebhaft glänzend und im Längsschnitt von Mahagoni durch das Fehlen der diesen eigenen dunkleren

Gefäßstreifchen unschwer zu unterscheiden. Abstammung unbekannt, doch keineswegs von einem echten Birnbaum.

d) Australisches Mahagoni. Die Stammpflanzen des in Australien heimischen sog. „australischen" sowie des „Rolomahagoni" sind noch fraglich. Beide Arten besitzen ein heller oder dunkler rötlichbraunes, ziemlich schweres und hartes Holz; Rolomahagoni ist stets dunkler von Farbe, leicht zu bearbeiten, überhaupt eine australische Mahagoniart von feiner Textur. Zur Herstellung von Möbeln, Innenausstattung von Schiffskabinen, Eisenbahnwagen usw. findet es vielseitige Verwendung.

Als „australisches Mahagoni", zumeist aber als „australisches Hartholz" kommt das Holz verschiedener in Australien einheimischer Eukalyptusarten (Fieberheilbäume) in den Handel.

Alle Arten besitzen ein mehr oder weniger hellbraunes bis dunkelrotbraunes, festes, sehr hartes, schweres und dauerhaftes Holz, von welchen einige Sorten überhaupt nicht, andere nur selten von Insekten angegangen werden, wie sie auch zu den feuerbeständigsten Holzarten zählen. Sie finden zumeist Verwendung bei Hafenbauten, Holzfußböden in viel begangenen Räumen, Treppenstufen, Trittbrettern bei Eisenbahnwagen, vor allem aber als Straßenpflaster sowie hin und wieder auch zu Möbeln.

Von den vielen Arten kommen als wichtigste in Frage: Iarrah — Eucalyptus marginata Don. — liefert mit E. rostrata Schl., dem roten Gummibaum, auch Red-Gum genannt, die wertvollsten und meist verwendeten Eukalyptushölzer. Beide Sorten haben ein rötlichbraunes, sehr druckfestes und außerordentlich dauerhaftes Holz, welches im Schiff- und Brückenbau, zu Wagnerarbeiten, Bahnschwellen, Straßenpflaster und im Treppenbau sowie seiner guten Politurfähigkeit wegen auch in der Möbel- und Kunstschreinerei vielseitigste Verwendung findet.

Karri — Eucalyptus diversicolor F. v. Muell. —; hellfarbig, gedämpft, biegsam, zähe, geradfaserig; Verwendung im Schiff- und Treppenbau, für Planken, Speichen, Felgen usw., vor allem aber als Straßenpflaster; verbrennt nicht, verkohlt nur.

Tallowwood; Talgholz — Eucalyptus microcorys F. v. Muell. —; hellbraun, eichenfarbig; sinkt infolge seines hohen spezifischen Lufttrockengewichtes im Wasser unter. Verwendung zu Pflasterungsmaterial, Eisenbahnschwellen, Fußböden, auch im Schiffbau und als Wagnerholz.

Blackbutt[1]) — Eucalyptus pilularis Smith. —; hellbraun, wechselt jedoch bis rötlichgelb und graubraun. Verwendung wie Tallowwood.

Der Blaugummibaum — Eucalyptus globulus Lab. —; nebst diesem werden auch noch andere Eukalyptusarten, so vor allem E. saligna Smith., als Blaugummibäume bezeichnet.

Holz hellfarbig, hart und schwer, steht jedoch an Dauerhaftigkeit und Nutzwert hinter anderen Eukalyptusarten zurück.

Aus den Blättern dieses Baumes sowie vornehmlich von E. amygdalina Lab., wie noch anderer Arten werden die Eukalyptusöle des Handels dargestellt.

Vor dem Kriege kam unter der Handelsmarke „Turpentine" ein im ganzen östlichen Australien heimisches, von Syncarpia laurifolia? stammendes, äußerst hartes, im Kern braunpurpurrotes Holz nach Deutschland, wel-

---

1) Butt = dickes Ende eines Stammes.

ches wegen seiner Elastizität und Druckfestigkeit, und da es sich angeblich
auch gegen den Bohrwurm als widerstandsfähig erweist, zu Hafenbauten
Verwendung fand.

Unter den Eukalyptusarten befinden sich die höchsten Bäume der Erde;
so kann E. amygdalina Lab. Höhen bis zu 155 m, E. diversicolor (Karri-
baum) eine Höhe bis zu 120 m, bei einem Durchmesser von 6 m und einem
astfreien Nutzholzstamm von 90 m Länge erreichen, während der Iarrah-
baum nur eine Höhe von 30—40 m bei einem Durchmesser bis zu $3\frac{1}{3}$ m
erreicht.

12. **Das Ebenholz.**[1]) Als Ebenhölzer sind eine Anzahl schwerer, dunkler
und außerordentlich harter Holzarten von möglichst dichtem Gefüge, sehr
hoher Politurfähigkeit, aber großer Sprödigkeit im Handel, welche von verschiedenen in den wärmeren bis tropischen Regionen gedeihenden Bäumen
der Gattung D i o s p y r o s (D a t t e l p f l a u m e n), in England auch P e r s i m m o n
genannt, vornehmlich aber von dem eigentlichen E b e n h o l z b a u m e — Diospyros ebenaster — abstammen. Dieselben sind jedoch nicht alle schwarz,
sondern wechseln von tief blauschwarz bis braun, dunkelgrau, zuweilen
sind sie auch gestreift. Sie gehören unstreitig zu den wertvollsten Kunst-
hölzern und finden in der Kunst- und Möbelschreinerei, zu feinen Drechs-
ler- und Einlagearbeiten, in der Stock- und Bürstenfabrikation usw. ungemein vielseitige Verwendung.

Nach ihrer Herkunft, nicht aber nach ihrer botanischen Abstammung, führen die einzelnen Sorten verschiedene Namen.

Das wertvollste und schönste ist das M a d a g a s k a r e b e n h o l z, s c h w a r-
z e s E b e n h o l z, welches von Diospyros ebenum Retz., vielleicht auch von
D. haplostylis Boiv. sowie anderen in Südasien und Afrika vorkommenden
Diospyrosarten stammt. Es ist von Farbe im Kern tief blauschwarz, im
Splint weiß.

Weniger schön, von Farbe oft grau bis braunschwarz u. dgl., im ganzen
minderwertiger ist das Z a n z i b a r-, C e y l o n-, M a c a s s a r-, S u m a t r a- und
K a m e r u n e b e n h o l z. Die botanische Abstammung der einzelnen Arten ist
heute noch vollkommen unsicher.

Das C o r o m a n d e l e b e n h o l z, b u n t e s, s t r e i f i g e s E b e n h o l z, Tin-
tenholz — Diospyros hirsuta L. —. Kommt aus Vorder- und Hinterindien,
Ceylon. Es ist rehbraun bis kaffeebraun, nicht gleichmäßig gefärbt, oft
regellos längs schwarz gestreift, wie mit Tinte übergossen. Sehr schönes
Zierholz, welches in der Möbel- und Kunstschreinerei, der Klavierfabrika-
tion usw. sehr beliebt und auch in der Stock-, Violinbögen- und Bürstenfabrikation Verwendung findet.

Als „w e i ß e s E b e n h o l z" wird ein zuweilen im Handel vorkommendes
Ebenholz bezeichnet, bei welchem hellerer Splint und dunklerer Kern ganz
unvermittelt und regellos nebeneinander vorkommen. Ob es sich hier um
eine besondere Ebenholzart oder um abnorme Wuchs-, Standortverhältnisse
o. dgl. handelt, ist ganz ungewiß.

Das echte P e r s i m m o n h o l z stammt von der v i r g i n i s c h e n D a t t e l-
pflaume — Diospyros virginiana L. —. Aus dem östlichen Nordamerika.
Das Holz ist hart, schwer, sehr zähe und politurfähig und besitzt einen

---

1) E b e n h o l z ist abgeleitet von dem hebräischen Wort „e b e n" = S t e i n.
Ebenholz bedeutet also so viel wie Steinholz oder steinhartes Holz.

breiten, eigentümlich rauchgrau gefärbten Splint und schwarzbraunen, gewöhnlich nur auf die innersten Jahresringe beschränkten Kern.

Alle Ebenhölzer kommen als Gewichtshölzer in roh zugehauenen Stammstücken in den Handel.

Die bis jetzt bekannten und verwendeten Ebenholzarten sind mit Ausnahme des grünlichschwarzen bis grauschwarzen, mit grauen Adern gezeichneten Ceylonebenholzes, welches von Mabaarten abstammen soll, bei ihrer Verarbeitung ungefährlich.

13. Grünes Ebenholz. Grünholz — Bignonia leucoxylon L. und Aspalatus ebenus L. —. Südamerika, Westindien. Letzteres wird auch häufig als falsches grünes Ebenholz bezeichnet und von den Antillen importiert. Das frischgeschnittene, sehr harte Holz ist von Farbe bräunlich mit grünlichem Stich, der sich an der Luft etwas verliert. Es kommt nur in dünnen Stämmen als Gewichtsholz vor. Trotz seiner Härte und Schwere ist es gut schneidbar und wird zu Drechsler- und Galanteriearbeiten, Einlegarbeiten, in der Stockindustrie usw. vielfach verwendet.

Ein ebenfalls unter dem Namen grünes Ebenholz, Grünholz, Grünherz oder Greenheart im Handel befindliches Holz, welches aus Britisch-Guyana kommt, stammt von Nectandra Rodivei Hook. Es gelangt in großen, roh behauenen Blöcken nach Europa und wird hier gleich dem Guajakholz verwendet, mit dem es auch große Ähnlichkeit hat. Zu Schreinerarbeiten ist es seiner großen Härte und Schwere wegen weniger geeignet. Gewichtsholz. Das Greenheartholz enthält das giftige Alkaloid „Bebeerin", auch „Nectandrin" genannt, deshalb ist große Vorsicht bei Verwundungen der Arbeiter notwendig.

14. Veilchenholz. Blaues Ebenholz, Myallholz — Acacia homalophylla Cunn. —. Australien. Sehr hart und schwer, fein, nicht spaltbar, im frischen Schnitt durch den Veilchengeruch ausgezeichnet. Von Farbe dunkelblaubraun, auch schokoladebraun. Vorzügliches Holz zu Kunstschreiner- und Drechslerarbeiten, Fächern, Parkett usw. In kleinen Blöcken im Handel. Gewichtsholz.

15. Amarantholz. Purpurholz, Luftholz, violettes Ebenholz. Das Kernholz von Copaifera bracteata Benth. sowie von einigen anderen zum Teil noch unbekannten Bäumen. Südamerika, Cayenne. Schwer, hart, gradspaltig, mit dichtem Gefüge. Von Farbe im frischen Schnitt unscheinbar rötlichgrau und von unangenehmem Geruch, wird aber an der Luft schön violett, pfirsichblütenrot bis tiefschwärzlichrot. In Quadrat-Blöcken als Gewichtsholz im Handel. Feines Kunstholz für Drechsler, Holzbildhauer, Stockindustrie, in neuerer Zeit auch für Möbel beliebt. Bei seiner Verarbeitung ist große Vorsicht geboten; es stellen sich zumeist Übelkeiten ein.

16. Grenadilleholz. Granatillholz, rotes oder braunes Ebenholz, rotes, buntes oder schwarzes Grenadillholz, Kongoholz, auch fälschlich „Eisenholz" genannt. Unter diesen Namen sind eine Menge Hölzer von verschiedener botanischer Abstammung, welche teils aus Ostindien, den afrikanischen und Südseeinseln sowie von Neuholland nach Europa kommen, im Handel.

Das afrikanische Grenadilleholz, Kongoholz, stammt von Dalbergia melanoxylon Guill. et Pers.

Das braune Grenadilleholz, rote Ebenholz, von Anthyllis cretica? — Ebenum cretica?; Ostindien, afrikanische Inseln.

Das schwarze Grenadilleholz, Eisengrenadilleholz, von Casua-
rina equisetifolia L. fil., Südseeinseln; während von vielen die Abstammung
noch unbekannt ist.

Holz von allen sehr schwer und hart, fein, elastisch, schön zu polieren.
Von Farbe rötlich bis kaffeebraun, mit violettem Stich, auch öfters schwarz.
Wertvolle Kunst- und Drechslerhölzer, Werkzeugholz, zur Anfertigung von
Holzblasinstrumenten, Stockfabrikation usw. In runden Stücken als Ge-
wichtshölzer im Handel.

17. **Kokusholz.** Kuba-Grenadill, fälschlich Kokosholz — Inga vera?
— Westindien, Kuba. Sehr schwer und hart, sehr fein, schön zu drechseln.
Von Farbe dunkelolivgrün bis schwarz. Eines der wichtigsten Drechsler-
hölzer. In Quadrat-Stämmen als Gewichtsholz im Handel.

18. **Amerikanisches Nußbaumholz.** Schwarznuß. Schwarzer Wall-
nußbaum — Juglans nigra L. —. Nordamerika. Das Holz ist dem des ein-
heimischen Nußbaums fast gleich, nur etwas dunkler und gleichmäßiger von
Farbe, mit einem glänzend braunen bis dunkelviolett- oder rötlichbraunem
Ton. Verwendung gleich dem des einheimischen, doch höher geschätzt als
dieses. Es kommt in Form von Bohlen, Pfosten und Furnieren in den Handel.
Der Baum, welcher in seiner Heimat Höhen von 25—30 m bei einem
Stammdurchmesser von 1,50—2,00 m erreicht, wurde wegen seiner geringen Frostempfindlichkeit und der besseren Zuwachsverhältnisse auch in
Deutschland in milderen Lagen angepflanzt und ergaben die ersten Anbau-
versuche günstige Resultate; die Früchte dieses Baumes sind jedoch un-
genießbar.

Vor dem Kriege kamen nicht selten verschiedene dunkelbraune bis scho-
kolade- und schwärzlichbraun gefärbte, sehr harte und schwere, oft schön
gezeichnete und gut politurfähige Hölzer als „ostindisches Nußbaumholz", von Albizzia Lebbek Benth. abstammend, in den europäischen Handel und wurden von Möbel- und Kunstschreinern gern verarbeitet.

Auch ein als „afrikanisches Nußholz", nicht selten auch als „Para-
nußbaum" im Handel vorkommendes, hell- bis dunkelockerbraunes, sehr
lebhaft glänzendes Holz, welches von geringerer Schwere und Härte als
das ostindische ist, fand, wo es vorkam, vorteilhafte Verwendung. Die Abstammung dieses Holzes ist unbekannt.

Das kaukasische Nußbaumholz, welches Pterocarya caucasica?
als Stammpflanze haben soll, kommt als Stammholz nicht, wohl aber in
den bereits auf S. 98 erwähnten Nußbaummaserknollen nach Deutschland, die hier zu den herrlichen Nußbaummaserfurnieren geschnitten
werden.

19. **Hickoryholz.** Weißer Nußbaum. Dieses Holz stammt von mehreren
Arten der in Nordamerika vorkommenden Hickorynuß. Als das meist
verwendete dürfte wohl das des weißen Hickorybaumes, weißer Nußbaum — Carya alba Nutt. — zu betrachten sein. Holz schwer, hart, elastisch, zähe und im Trockenen dauerhaft. Von Farbe gelblichweiß bis rötlich. Vorzügliches Wagnerholz, zu Hammerstielen usw., als Bauholz nicht
zu verwenden.

Das Holz der in den Unionstaaten vorkommenden Caryaarten ist mit
Ausnahme des sog. „Schweinshickory" — Carya porcina Nutt. — durchaus minderwertig. Da in letzterer Zeit vor dem Kriege häufig Klagen über
schlechtes Hickoryholz einliefen, dürfte es sich um die Einfuhr minderwer-

tigerer Sorten gehandelt haben. Im übrigen besitzt selbst das gute Hickoryholz lange nicht so viele vorzügliche Eigenschaften, um dadurch die Ver-
nachlässigung unserer einheimischen Esche vollauf zu rechtfertigen. Der
weiße Hyckorybaum wurde auch in Deutschland versuchsweise angepflanzt.
Hickoryholz wird in Form von Pfosten gehandelt. Verkauf nach Kubikmeter.

20. **Vogelaugenahornholz.** Zuckerahorn, amerikanischer Ahorn —
Acer Saccharinum Wangh. —. Nordamerika. Von Farbe gelblich bis rötlich,
seidenartig glänzend, schön augenartig getupft. Der Zuckerahorn liefert ein
vielseitig verwendetes Holz, das zu Möbeln und Drechslerwaren sehr gesucht wird und in gemaserten Stücken als „Vogelaugenahorn" die höchsten Preise erzielt. Grau gebeizt auch unter dem Namen „Maple" im Handel. Das Schneiden der Furniere erfolgt durch Abschälen um den Stamm.

21. **Guajakholz.** Pockholz, Franzosenholz, Heiligenholz — Lignum
sanctum, von Guajakum officinale L. —. Westindien, Mexiko. Sehr schwer
und steinhart, schwer zu bearbeiten, sehr harzreich, riecht aromatisch. Von
Farbe dunkelgrünlichbraun, oft gelblich gestreift. In der Drechslerei für Kegelkugeln, zu Maschinenbestandteilen (Lagern usw.), die eine harte Reibung
auszuhalten haben, zu Tischen für Gerber usw. In oft großen Stücken als
Gewichtsholz im Handel.

Das Holz wie die Rinde desselben hatten früher offizinellen Charakter,
vornehmlich gegen Syphilis. Seiner heilkräftigen Wirkung wegen wurde es
als „Heiligenholz" wie auch als „heiliges oder indisches Holz" bezeichnet.

Es kommt in Stamm- oder Aststücken von 1,8—2 m Länge und 12 bis
30 cm Durchmesser, in unterschiedlichen Marken, von welchen die Marken
„Sankt Domingo" und „Jamaika" als die besten gelten, nach Europa.
Preis pro 50 kg vor dem Kriege 8—14 Mark, heute schwer erhältlich.

Seine Austrocknung, Aufbewahrung und Weiterbehandlung erfordert
größte Aufmerksamkeit und Verständnis.

22. **Palisanderholz.** Polisanderholz, Jacarandaholz, brasilianisches Pockholz. Von verschiedenen Bäumen aus Brasilien, Ostindien,
zum Teil auch Mexiko. Als Stammpflanze des echten Palisanderholzes gilt
Jacaranda brasiliana Pers., doch werden auch verschiedene, Dalbergia, Machaerium u. a., zum Teil noch nicht sicher bestimmte Arten als Palisander
bezeichnet. Holz schwer, hart, äußerst schwerspaltig, fast spröde, gut polierbar. Von Farbe dunkelrotbraun bis schokoladebraun mit tiefschwarzen
Adern und Bändern, doch kommen auch violette bis selbst dunkelrötlich-
braune Sorten in den Handel. Die besten Sorten kommen aus Bahia und Rio
de Janeiro (Rio-Palisander). Das ostindische und mexikanische Palisanderholz ist weniger wertvoll. Obwohl die beiden Namen, Palisander und Jacaranda, ein und demselben Holz gelten, pflegt man doch gewöhnlich die
Sorten mit braunem Ton als Palisander und jene mit rötlichem als Jacaranda zu bezeichnen. Edles Kunstschreiner- und Drechslerholz, zu Luxus-
möbeln, Klavierkästen, Billardtischen usw., hauptsächlich Furnierholz.

In England führt das rötliche Holz den Namen „brasilianisches Rosenholz", was schon oft zu unliebsamen Verwechslungen Anlaß gab.

23. **Rosenholz, Rhodiserholz.** Von verschiedenen Bäumen aus Brasilien,
Ost- und Westindien. Die Rosenhölzer haben den Namen teils wegen ihrer
rosenroten Farbe, teils wegen ihres rosenähnlichen Geruches.

Echtes Rosenholz, Brasilianisches Rosenholz, in England „Tulipwood" genannt, stammt von Physocalymna floridum Pohl, auch Phys. scaberrimum Pohl; ein 6—10 m hoher schönblühender Baum in Brasilien und dem östlichen Peru. Holz schwer, hart, sehr dicht, leichtspaltig, ohne Geruch; von Farbe hell rosen- und fleischrot, in Abständen oft bis tief karminrot. Eines der wertvollsten Hölzer für Kunstschreiner und Drechsler. Die beste Sorte kommt als Gewichtsholz in Stämmen und Blöcken über Bahia in den Handel.

Rhodiserholz, von Convolvulus scoparius L. und C. floridus L. —. Kanarische Inseln. Hellrosenrot bis braunrot geflammt. Mit kräftigem und angenehmem Geruch. Verblaßt im Licht.

Ostindisches Rosenholz. Kajoeholz, schwarzes Botanyholz, in England „Blackwood" genannt — Dalbergia latifolia Roxb. —. Vorderindien. Dunkel purpurfarbig, geruchlos. Wertvollstes Zierholz.

Westindisches Rosenholz. Jamaika-Rosenholz — Amyris balsamifera L. —. Südamerika, Westindien. Hellfarbig, wohlriechend, liefert ätherisches Öl.

Afrikanisches Rosenholz, von Pterocarpus erinaceus Poir., vielleicht auch anderen Pterocarpusarten. —. Tropisches Afrika. Im Kern hellrot bis rötlichbraun mit dunkleren Querstreifen; wurde vor dem Kriege nebst dem brasilianischen Rosenholz wohl am häufigsten, in 20—30 cm starken Blöcken nach Deutschland eingeführt. Schönes Kunstmöbel- und Drechslerholz. Wegen seiner Eignung zum Schiffbau nicht selten auch als „afrikanisches Teakholz" bezeichnet.

Die verschiedenen als „australische Rosenhölzer" eingeführten Arten haben Acacia excelsa Benth., sowie andere australische Akazienarten als Stammpflanzen; sind aber für Deutschland von geringerer Bedeutung. Acacia excelsa wird auch häufig zu den Eisenhölzern gezählt.

Leider verblaßt die schöne Farbe aller kräftig riechenden Rosenholzarten im Lichte außerordentlich stark, während die geruchlosen zumeist sehr lichtecht sind und sich deshalb zu Möbeln vorzüglich eignen.

Alle stark riechenden Rosenhölzer sind auch mit Vorsicht zu bearbeiten, da sie große Schläfrigkeit, Entzündung der Nasen- und Rachenschleimhaut sowie auch Hautausschläge verursachen. Bei der Bearbeitung der geruchlosen Arten konnte ich derartige Erkrankungen noch nicht beobachten.

24. Padoukholz. Stammpflanze — Pterocarpus indicus Willd. — und sicherlich noch andere Pterocarpusarten. Indien, Südchina, Sundainseln, Südafrika, Molukken. Kommt in mehreren Padoukarten im deutschen Handel vor. Holz mäßig hart und schwer, leicht zu bearbeiten, sehr politurfähig, dauerhaft. Von Farbe im Kern prächtig hellrot, wechselt jedoch von rosenrot bis purpurrot.

Eines der schönsten und wertvollsten Kunstschreiner-, Drechsler- und Möbelhölzer ist das prächtig hellrote und dabei doch ziemlich lichtechte Korallenpadouk, auch afrikanisches Padouk genannt, um so mehr, als es auch in großen Stücken von 3—5 m Länge und 30—80 cm Durchmesser nach Europa kommt.

Schöne und wertvolle Zierhölzer geben auch die Birma- und Adamanpadoukmarken, welche gleichfalls in großen Stücken, zudem auch nicht selten in schön gemaserten Blöcken auf den Markt kommen.

25. Blauholz. Campecheholz, Blutholz. Das Kernholz von Haematoxylon campechianum L. Mexiko, Zentralamerika, Jamaika. Nach der Her-

kunft werden mehrere Sorten unterschieden, die im Wert sehr ungleich sind. Die besten Sorten kommen von der Westküste Yukatans und Honduras, die gangbarsten von Domingo. Je nach der Handelsform unterscheidet man englisches (Enden der Blöche gerade abgesägt) und spanisches (Enden stumpf zugespitzt). Gewichtsholz. Hart, fein, schwer zu bearbeiten, doch gut zu polieren. Im frischen Schnitt angenehmer Geruch. Von Farbe im Kern kräftig blutrot, ändert aber dieselbe an der Luft und wird violett bis schwärzlich. Zu Drechsler- und Galanteriewaren, Violinbögen gebraucht, hauptsächlich jedoch im geraspelten Zustande als Farbholz benutzt, als welches es heute noch zum Blau- und Schwarzfärben verwendet wird.

Von einigen Bäumen dieser Gruppe, Hymenaea courbaril L., H. verrucosa K. u. a. Heuschreckenbäumen kommt das technisch wichtige Harz, der Kopal.

26. **Rothölzer.** Unter diesem Namen sind eine Menge teils bekannter, teils unbekannter Hölzer im Handel, welche von Bäumen verschiedenster botanischer Abstammung herrühren. Zählt doch der Name „Rotholz" mit zu den Verlegenheitsnamen vieler Händler und auch Praktiker.

Die wichtigsten sind:

a) Fernambuk, echtes Brasilienholz — Caesalpinia echinata Lam. — und andere Caesalpinaarten. Kernbäume in Südamerika. Holz hart, schwer und zähe, ohne Geruch. In armdicken Blöchen als Gewichtsholz im Handel, welches auf der frischen Schnittfläche bleich gelbrot ist und erst durch Einwirkung der Luft schön hellrot, dunkelrot bis violett wird. Gutes Kunstschreiner- und Drechsler-, vor allem aber Farbholz. Doch ist die Farbe (rot) leider nicht besonders dauerhaft. Beste Sorte der Rothölzer.

b) Sappanholz. Ostindisches Fernambuk-, Brasilienholz, asiatisches Rotholz, unechtes Sandelholz — Caesalpina Sappan L. —. Kernbaum in Indien, Java. Fast gleich dem früheren, auch gleiche Verwendung. Im frischen Schnitt angenehmer Geruch.

c) Camwoodholz. Camholz, Caban- oder Cambalholz, afrikanisches Rotholz. Kernholz von Baphia nitida Afzel. Westafrika. Schwer, hart, sehr dicht, von Farbe außen schwarzrot, innen rotbraun bis braunviolett.

27. **Rotes Sandelholz.** Santalholz, Caliaturholz — Pterocarpus santalinus L. fil. —. Kernbaum in Ostindien. Holz hart, schwer, dicht und spröde, ohne Geruch. Von Farbe intensiv rot, dunkelt jedoch stark nach und wird bräunlich bis schwarz. Feines Kunstholz, geraspelt und gemahlen, Farbholz; gehört eigentlich noch zu den Rothölzern.

28. **Weißes oder gelbes Sandelholz.** Sandelbaum — Santalum album L. —. Ostindien. Ziemlich hart und schwer, dicht, schwerspaltig. Von Farbe im Kern gelblich, stellenweise rötlich, von starkem, angenehmem Geruch. Der Kern liefert das eigentliche gelbe Sandelholz, während der Splint das weiße Sandelholz gibt, obwohl dieses auch noch von einem myrtenartigen Baum — Santalum myrtifolium? — kommen soll. Es ist als feines Kunstholz hochgeschätzt und liefert auch das vielseitig in der Parfümerie, zu Likören usw. verwendete Sandelholzöl; in bezug auf Verarbeitung zählt es mit zu den gefährlichsten Holzarten. (Nierenerkrankungen.)

Daß das gelbe Sandelholz eine außerordentliche Dauer besitzt und auch von Termiten nicht angegriffen wird, war schon den ältesten Kulturvölkern bekannt. Es bildete deshalb im Altertum einen begehrten Handelsartikel. Chinesen, Inder und Ägypter verwandten das Holz schon vor Jahrtausenden teils für religiöse Zwecke zur Herstellung von Götterbildern, Tempelbauten usw., teils zur Anfertigung von Schmuckkästchen, Fächern und anderen Kunstgegenständen.

Es gibt noch eine Menge Bäume, deren Holz als Sandelholz im Handel ist, doch sind diese Hölzer meist minderwertig.

29. Amboinemaserholz. Kajolholz. Unter diesem Namen kommt ein feines, sehr ungleich hartes, aber trotzdem gut zu bearbeitendes und polierbares Holz, dunkellederfarbig, zuweilen rötlichgelb mit goldgelbem Stich, in oft herrlich gemaserten Stücken in den Handel. Hier handelt es sich zweifellos um die Maserknollen vom echten Padoukholz — Pterocarpus indicus — sowie vom roten Sandelholz — Pt. santalinus —, vielleicht auch noch anderen Pterocarpusarten. Diese Knollen werden teils zu Pfeifenköpfen verarbeitet, teils zu Furnieren geschnitten, welche in der Kunstschreinerei gesucht und vorteilhafteste Verwendung finden.

30. Echtes Gelbholz; echter alter Fustik, gelbes Brasilienholz, „Viktoriawood". Kernholz des Färbermaulbeerbaumes — Chlorophora tinctora Gaud. —. Kommt in mehreren nach ihrer Herkunft bezeichneten Sorten als Kuba-, Domingo-, Tambicogelbholz usw. in oft ansehnlichen Stamm- und Aststücken, nicht selten auch als Spaltstücke, aus dem tropischen Amerika in den deutschen Handel.

Holz ziemlich schwer und hart, doch leichtspaltig, von Farbe lebhaft gelb bis dunkelgelbbraun. Es enthält den bekannten, in Alkohol löslichen Farbstoff „Morin", auch „Morinsäure" genannt, der heute, trotz der Teerfarbstoffe, gewöhnlich als Gelbholzextrakt mit Vorteil zu gelben, braunen und olivgrünen Beizen verwendet werden kann.

Findet zumeist als Farbholz, schöne Stücke aber auch in der Kunstschreinerei und Drechslerei vorteilhafte Verwendung.

Zu der Gruppe der Gelbhölzer bzw. als Gelbholz werden noch verschiedene andere im Handel vorkommende Holzarten gezählt, welche nicht als Farbhölzer, wohl aber in der Kunstindustrie u. dgl. Verwendung finden.

So liefert der Antillennußbaum — Xanthoxylon tragodes DC. — ein sehr hartes, elastisches, schönes Gelbholz mit Moiréglanz, das in der Kunstschreinerei und Drechslerei, wenn es vorkommt, Verwendung findet.

Das gleiche läßt sich auch von dem Karaibischen Gelbholz, welches von Xanthoxylon clava herculis L. stammt, sagen, das ein seidenartig glänzendes, lichtgelbbraunes Kernholz besitzt, am Mississippi, Florida, Nord- und Südkarolina und anderen Staaten heimisch ist, leider aber seltener zu uns kommt.

Dem echten Gelbholz im Bau sehr ähnlich ist das schöne, hellgelbbraune Mwúle-, auch Odúmholz genannt. Es stammt von Chlorophora excelsa Benth. et Hook. und kommt aus dem tropischen Afrika. Es ist ein nicht besonders schweres, aber äußerst festes und dauerhaftes Holz, und weil es von den Termiten nicht angegangen werden soll, mit eines der wertvollsten Nutzhölzer Afrikas. Auch in Deutschland fand es als Möbelholz zur Einrichtung von Schiffskabinen u. dgl. vielseitige Verwendung. Da es dem dunkleren echten Teakholz ähnlich sieht, wurde es häufig als „Mwúle-Teak" bezeichnet. Bei seiner Verarbeitung stellen sich jedoch sehr häufig ernstere, oft langwierige Erkrankungen der Arbeiter ein.

Das ziemlich harte und schwere Maracaibogelbholz aus Venezuela, dessen Abstammung unsicher ist, hat eine tief ockergelbe Farbe und ist für kleinere Kunstschreiner- und Drechslerarbeiten sehr geeignet.

Diesem letzteren Holze sehr ähnlich, doch von mehr gelbroter, goldiger Tonung, ist das harte und dauerhafte Tatajubaholz — fälschlich für gewöhnlich nur als „Tajuba" bezeichnet — aus Guinea, welches angeblich von Cariocar tomentosum Willd. stammen soll.

31. **Satinholz.** Seidenholz, Atlasholz, Feroliaholz, Satinwood, Citronier; Sammelnamen für verschiedene ausländische Holzarten aus Ost- und Westindien. Man unterscheidet mit Rücksicht auf die allerdings vielfach noch strittige Herkunft folgende Sorten:

Gelbes Atlasholz. Satinholz; Westindisches Seidenholz. Soll nach verschiedenen Angaben von Ferolia guianensis Aubl., einem auf den Antillen und Guyana heimischen Baume, nach anderen Angaben von Fagara flava Krug. Urb. stammen, wo die besten Sorten aus Portoriko kommen. Das als „San-Domingo-Satin" verarbeitete Holz führt im Handel gewöhnlich die Bezeichung „Zitronholz", zu dem es bei seiner Verarbeitung häufig einen angenehmen, einigermaßen an Zitronen erinnernden Duft ausströmt. Als Zitronenholz werden jedoch fälschlich noch verschiedene andere gelbe Holzarten bezeichnet.

Das gelbe Atlasholz ist schwer, hart, sehr gut polierbar, von Farbe hellgelb bis kanariengelb, wunderschön atlasglänzend, jedoch schlecht zu verarbeiten, da die Werkzeuge furchtbar schnell stumpfen. Wird aber trotzdem für Möbel, Drechsler- und Einlegearbeiten, Bürstenrücken usw. viel verarbeitet.

Ostindisches Seidenholz — Chloroxylon Swietenia DC. —. Vorderindien, Ceylon. Härter und schwerer als das obige, aber geruchlos. Von Farbe grünlichgelb, mit hohem Glanz, sehr geschätzt.

Diese Sorten wären wegen ihrer herrlichen Farbe für Möbel vortrefflich geeignet, wenn nicht das Holz nach der Verarbeitung sehr leicht rissig würde, was unter der Politur sehr unangenehm auffällt.

Rotes Atlas-Satinholz. Kirchsatin, auch als „Satinée" bezeichnet. Abstammung unbekannt. Wertvolles Zierholz von schön rotbrauner bis purpurrötlicher Farbe und außerordentlicher Feinheit.

Braunes Atlasholz. Nußsatin, Satin-Nußbaum, Red-Gum. Stammt von dem im östlichen Nordamerika heimischen Amberbaume — Liquidambar styraciflua L. —, einem Baume, welcher mit dem Nußbaum gar nichts gemeinsames hat, den Blättern nach eher an einen Ahorn erinnert, und zu den merkwürdigen sog. „Hexenbäumen" gehört. Er erreicht bei Höhen von 30 bis 40 m einen Durchmesser bis zu 150 cm. Der Baum liefert den weißen Liquidambar- oder Kopaiabalsam. Das Holz ist leicht, weich, von mattbrauner Farbe mit rötlichem Stich, weniger dem Nußholz als mehr dem Apfelbaumholz ähnlich, doch von feinerer Struktur. Galt vor mehreren Jahren als Modeholz ersten Ranges und wurde deshalb in ausgedehntem Maße zu Möbeln verarbeitet.

Die Satinhölzer, vor allem das westindische gelbe Atlasholz, erzeugen bei der Verarbeitung Erkrankungen der Nasen- und Rachenschleimhaut, Kopfschmerzen, Appetitlosigkeit und sonstige Störungen des Allgemeinbefindens; hin und wieder sind auch schon schwerere Erkrankungen vorgekommen; sie zählen somit zu den gefährlichen Holzarten. Am wenigsten gefährlich ist das Nußsatin, gegen dessen geringen schädlichen Einwirkungen man sich zumeist schon durch verstärkte Lüftung im Betrieb schützen kann.

32. **Echtes Zitronenholz.** — Citrus medica L. —. Südeuropa, Südasien. Sehr fein, hart und zäh. Weißlichgelb bis gelb, sehr schön seidenartig geflammt. Nimmt gute Politur an, reißt aber leicht. Wird in massiven Stücken nach Gewicht verkauft; als Furnier für Möbel verwendet.

33. **Teakholz.** Tikholz; wegen einiger Ähnlichkeit mehrerer Sorten mit unserer Eiche auch als „indische Eiche" bezeichnet. — Tectonia grandis L. —. Indien, Ceylon, Java, Südchina. Obwohl der Baum je nach Alter und Abstammung des Holzes verschiedene Qualitäten liefert, kommt doch nur eine botanische Art in Betracht, die in unterschiedlichen Marken gehandelt wird.

Holz hart, leichtspaltig, nicht sehr schwer, von äußerster Dauer (besser als Eiche), wenig arbeitend, bei der Verarbeitung einen starken an Kautschuk erinnernden Geruch abgebend; dem Insektenfraß nicht ausgesetzt. Von Farbe im frischen Zustande hell bräunlichrot, wird an der Luft bedeutend dunkler. Das beste Schiffbauholz, doch ist die Güte desselben verschieden; es soll von kultivierten Bäumen besser als von wildgewachsenen sein.

Seinem hohen Wert für den Schiffbau verdankt dieses Holz vor allem dem Umstand, daß seines eigentümlichen Fettgehaltes wegen, die mit ihm in Verbindung gebrachten eisernen Nägel, Schrauben und Bolzen nicht rosten, was beim Eichenholz nicht vermieden werden kann. Nebst seiner Verwendung im Schiffbau findet es aber noch im Waggonbau, in Hafenstädten auch zu Fensterstöcken, Türen, Holzvertäfelungen u. dgl. vorteilhafteste Verwendung, wie es auch zur Herstellung von Bottichen für chemische Fabriken beinahe unentbehrlich geworden ist; für Möbel ist das Teakholz weniger geeignet.

Der voll entwickelte Baum kann bei einer Höhe von 30—40 m einen Umfang von 7 m erreichen, doch wird er zumeist schon mit 50—80 Jahren gefällt, wo er bei einer Höhe von 15—20 m einen Umfang von 1—2 m hat. Das Holz kommt deshalb in 7—8 m langen und bis zu 70 cm starken Blöcken nach Europa.

Von den verschiedenen Marken gilt das „Birma-Teakholz", von welchem nach den verschiedenen Ausfuhrhäfen das Holz von dunkelgoldgelber Färbung mit dunkleren Streifen im Handel den Namen „Moulmein-Teak", das mehr graubraun gefärbte den Namen „Rangoon-Teak" führt, als das beste. Geringeren Wert besitzt das „Bangkok"- und „Java-Teak".

Das sog. „australische Teakholz" stammt von Endiandra glauca R. Br.; seine Verwendung ist in Deutschland gering.

Das seit einer Reihe von Jahren aus Australien in ziemlicher Menge nach Deutschland eingeführte sog. „Moaholz", auch „Native-Teak" genannt, ist von hellgelber bis gelbbräunlicher Farbe, hart, schwer, dicht, sehr fest und zäh, harzreich; es eignet sich vorzüglich zur Herstellung des Deckbelags auf Kriegs- und Handelsschiffen, auch zu Treppenstufen, Parkettböden, wie es auch versuchsweise als Möbelholz Verwendung fand. Seine Abstammung ist durchaus unbekannt.

Nach Bau, Farbe und Struktur hat es mit dem echten Teakholz gar nichts gemeinsames, es ähnelt vielmehr — im Farbton wenigstens — dem Domingo-Satinholz, mit welchem es auch vielfach verwechselt wird.

Als brasilianisches Teakholz, auch als „Vacapouholz", kommt
ein sehr hartes und schweres, aber gut und glatt spaltbares Holz, von
aromatischem Duft, dunkelbrauner Farbe, mit oft ganz eigentümlicher, zier-
liche, zickzackförmige Figuren bildender Textur auf den deutschen Markt.
Seine Abstammung ist gleichfalls unsicher. Im Längsschnitt betrachtet,
könnte man es eher zu den Palmenhölzern zählen. Es findet, da es sehr
politurfähig und sehr zähe ist, in der Stockindustrie, gelegentlich auch in
der Bürstenfabrikation, Verwendung.

34. **Cocoboloholz.** Stammpflanze unbekannt. Süd- und Zentralamerika.
Holz sehr hart, dicht und sehr schwer, auch schwer zu schneiden. Von
Farbe auf der frischen Schnittfläche lebhaft gelbrot, an der Luft nachdunkelnd
bis schön braunrot. Ein schönes Zierholz für eingelegte Arbeiten, sowie
Drechsler- und Bürstenholz; kommt als Gewichtsholz in Stammstücken von
1—3 m Länge und 15—35 cm Stärke auf den deutschen Markt.

Das Cocoboloholz zählt zu den gesundheitsschädlichsten Hölzern. Die
Erkrankungen äußern sich in starker Rötung und Aufgedunsenheit des Ge-
sichtes, in Verstopfung der Nase, in Kopfschmerzen und Hautausschlägen.

35. **Schlangenholz.** Tigerholz, Letternholz, Buchstabenholz. Abstammung noch unsicher, wahrscheinlich das Kernholz von Piratinera guianensis Aubl., wie auch Brosimum aubletti Endl. und Machaerium Schom-
burgkii Benth. als Stammpflanzen angeführt werden. Guyana, Nordbrasilien.
Sehr schwer, dicht und hart. Von Farbe schön rötlichbraun mit größeren
und kleineren dunkelbraunen Flecken. Sehr teures und wertvolles Kunst-
und Zierholz für Drechsler, Einlegearbeiten, Stockindustrie, Pfeifen, Zigarrenspitzen, Violinbögen usw. Es zählt zu den spez. schwersten Holzarten, ist
sehr gesundheitsschädlich, kommt in kleinen runden Stücken als Gewichtsholz in den Handel.

Als Schlangenholz wird auch das Wurzelholz des in Ostindien heimischen Schlangenholzbaumes Strychnos colubrina L. bezeichnet. Dieser
starke Schlingstrauch gehört zu den Loganiaceen, einer Gattung, welche
die gefährlichsten Alkaloide, wie Strychnin und Brucin enthält. Tat-
sache ist, daß die Javanesen aus diesem Holze ein tödliches Pfeilgift be-
reiten. Dieses Holz ist also nicht mit dem bei uns verwendeten zu verwechseln, was übrigens auch kaum möglich ist, da das von Strychnos colubrina stammende Holz leicht und gelblich, das bei uns benutzte aber sehr
schwer und von braunroter Farbe ist, auf welchem dunkle Punkte sich befinden, so daß das ganze einer Schlangenhaut ähnelt.

36. **Königsholz.** Stammt vom Tambusabaume, Fagraea peregrina L. und
F. fragrans Roxb. Jamaika, Sumatra, Java. Sehr hart und schwer, vorzüglich polierbar. Von Farbe braunviolett bis schwarzbraun, oft mit hellrötlichen Adern durchzogen. Wertvolles und teures Zierholz. In runden, nicht
starken Stämmen als Gewichtsholz im Handel.

Als Königshölzer werden auch andere Holzarten, so verschiedene Ma-
chaerium- und Copaifera-Arten, wie auch weitere Hölzer unbekannter Abstammung bezeichnet.

Der Name Königsholz stammt daher, daß die Häuptlinge den Handel
mit diesen Holzsorten als ihr Monopol betrachteten.

37. **Ziricotaholz.** Echtes Zebraholz, Marmorholz. Abstammung
noch unbekannt, wahrscheinlich vom guyanischen Nabelstrauch, Omphalo-
bium Lambertii D.C. oder von Centrolobium robustum Mart. Südamerika,

9*

Guyana. Hart, schwer und durch seine schöne Zeichnung (kaffeebraun, mit dunkleren bis tiefschwarzen, unregelmäßig verteilten kleineren Längsstreifen) besonders wertvoll. Gewichtsholz in runden und halbrunden Stämmen. Zu Einlegearbeiten, in der Stockindustrie usw. verwendet; seltenes Zierholz.

Das falsche Zebraholz, Zebranoholz zeigt auf rötlichgelber Grundfarbe dunklere bis dunkelrotbraune, unregelmäßig verteilte, mehr oder minder breite Längsstreifen. Wegen dieser absonderlich unruhig wirkenden Zeichnung ist dieses Holz für größere Möbel ungeeignet. Seine Abstammung ist ungewiß.

Den Namen „Zebraholz" führen auch einige Palmenhölzer.

38. **Pferdefleischholz.** Bulletrieholz, Panakokoholz, Eisenholz von Cayenne — Swartzia tomentosa D.C. (Robinia panacocco Aubl.) —. Tropisches Amerika, Guyana, Venezuela. Höchst hart und schwer, sehr dicht. Von Farbe bräunlich mit roten oder grünlichschwarzen Schattierungen, dem frischen Pferdefleisch ähnlich. Verwendung zu Geigenbögen und in der Stockindustrie usw. Es kommt in runden Stämmen als Gewichtsholz in den Handel.

39. **Partridgeholz.** Partridgewood, Rebhuhnholz. Abstammung ungewiß, soll gleich dem Vacapou- oder brasil. Teakholz von Andira-Arten geliefert werden. Tropisches Amerika. Sehr hart und schwer, tief braun mit rötlichem bis schwärzlichem Ton und teils helleren, teils dunkleren, oft auch welligen Tupfen und Längsstreifen. Stockfabrikation, Messerhefte u. dgl.; Gewichtsholz.

40. **Kampferbaumholz** von verschiedenen Bäumen. Das meist verwendete ist das von Camphora officinarum Nees.-Laurus camphore L. China. Holz ziemlich hart, von hübscher blaßrötlicher Farbe, mit starkem Kampfergeruch. Gemaserte Stücke besonders wertvoll und schön. Es dient nicht nur als Furnierholz zu verschiedenen Kunstarbeiten (Kassetten, Nähtischeinrichtungen u. dgl.), sondern auch zur Kampfergewinnung.

Andere Bäume dieser Familie, deren Produkte technisch eine hohe Bedeutung haben, sind: Der edle Lorbeerbaum — Laurus nobilis L. — und der kalifornische Berglorbeer — Umbellularia californica Nutt. —, dessen schweres und hartes, hellbraunes Kernholz ein schönes brauchbares Möbel-, Bauschreiner- und Schiffbauholz gibt; der Zimtbaum — Cinnamomum zeylanicum Blum —. Die innere dünne Rinde 2—3jähriger Äste liefert die echte Zimtrinde, sowie Cinnamomum Cassia, von welchem das Zimtöl, Zimtblütenöl, Cassiaöl stammt, welches zu den Hauptartikeln der Parfümeriebranche zählt, ferner der Sassafraßbaum — Sassafras officinalis Nees. —, dessen Holz zwar leicht und weich, aber trotzdem dauerhaft ist und seines eigentümlichen Geruches wegen von Insekten gemieden wird, daher zur Anfertigung und Auskleidung von Schränken, Truhen, Kisten u. dgl. dient; die Wurzel liefert das in den Apotheken verwendete Sassafraß- oder Fenchelholz.

41. **Quebrachoholz.** Rotes Quebrachoholz — Quebracho colorado —. Das Kernholz verschiedener Schinopsisarten wie Schinopsi Balancae Engl. und Sch. Lorentzii Engl. —. Südamerika, vor allem Argentinien. Das von Farbe fleischrote aber an der Luft nachdunkelnde Holz ist sehr schwer — zählt mit zu den spez. schwersten Hölzern —, außerordentlich hart und von größter Dauer. Wird seines hohen Gerbstoffgehaltes wegen

— 20—24% —, sowohl im zerkleinerten Zustande, wie als Extrakt, seltener in Stämmen, nach Europa eingeführt und findet hier vor allem als Gerbmaterial ausgiebigste Verwendung. In Amerika, aber auch schon versuchsweise in Deutschland, zu Eisenbahnschwellen verwendet.

Das weiße Quebrachoholz „Quebracho blanco" von Aspidosperma Quebracho Schl. ist bedeutend heller als das rote und wurde vor dem Kriege in Deutschland vielfach als Ersatz für das immer seltener gewordene Buchsbaumholz verwendet.

Den Namen „Quebracho" führen auch noch andere Hölzer bez. Bäume, so Thouinia striata Radlk. und Jodina rhombifolia Hook. et Arn.; letzteres, wie Acanthosyris spinoscens Griseb., wird auch hin und wieder „Quebrachillo" genannt.

42. **Barsino.** Abstammung unbekannt. Brasilien. Sehr hart und schwer, von mattbrauner Grundfarbe mit schwarzbraunen Querstreifen bez. Längslinien.
Für Drechsler- und Einlegearbeiten, Bürstenhölzer, Stockindustrie.

43. **Goldholz. Nicaragua-Goldholz.** Abstammung unbekannt. Zentralamerika, angeblich auch Australien. Hart und schwer, wachsartig glänzend; auf der frischen Schnittfläche von Farbe gelb bis grünlichrötlich, an der Luft bis bräunlichrot nachdunkelnd. Bei der Bearbeitung eigentümlich, wie nach Bienenwachs duftend. Schönes Zierholz für Einlegearbeiten usw.

44. **Afzeliaholz.** — Afzelia bijuga Sm. —. Polynesien, Neu-Guinea. Holz ziemlich hart und schwer, leicht- und glattspaltig, sehr politurfähig. Von Farbe schön lebhaft rötlichbraun, im Längsschnitt durch matte, teils gelbliche, teils dunklere Längsstreifen auffallend gezeichnet. Schönes Möbelholz. Kam früher hin und wieder in größerer Menge auf den Markt, dann wieder längere Zeit überhaupt nicht erhältlich.

45. **Veraholz.** Abstammung unsicher, wahrscheinlich Guajacum sanctum L. Westindien. Sehr schwer, hart und dicht, eigenartig hellbraun, dem Grünherzholz ähnlich. Wird gewöhnlich als eine Art Pockholz betrachtet und auch wie dieses verwendet.

46. **Vinhatico.** Abstammung unbekannt. Brasilien. Holz leicht und weich, im Längsschnitt lebhaft glänzend, mit satter, ockergelber goldiger Tonung. Im Gefüge und Glanz dem Mahagoni ähnlich. Wo es vorkommt für Kunstmöbel gern verarbeitet.

47. **Renghas.** Abstammung Renghasbaum — Gluta Renghas L. —, wahrscheinlich auch noch andere Arten. Java. Von Farbe auf der frischen Schnittfläche fast kupferrot mit zahlreichen, ungleichbreiten parallellaufenden rot- bis schwarzvioletten Streifen. Ziemlich leicht, nicht besonders hart, lebhaft glänzend. Kunstschreinerholz.

48. **Baracara. Korallenholz, Condoriholz.** Stammt von Erythrina Corallodendron L., wie auch von Adenanthera pavonina L. —. Tropisches Afrika und Amerika. Holz ziemlich hart und schwer, doch leicht zu bearbeiten; von rötlichbrauner bis dunkelbernsteingelber Farbe. Schönes Kunstschreinerholz.

49. **Courbarilholz. Algorabeholz.** Stammt vom Heuschreckenbaum — Hymenaea Courbaril Link. —. Amerika. Von Farbe hell- bis dunkelbraunrot, hart und schwer; schwer zu bearbeiten und zu polieren, aber trotzdem schönes Drechsler- und Kunstschreinerholz. Der Baum liefert die südamerikanischen Kopale.

50. **Vicado.** Abstammung unbekannt. Brasilien. Leicht zu bearbeiten, ziemlich hart und schwer, ohne Glanz; von Farbe lebhaft gelbrot mit vereinzelten roten bis rotvioletten kleinen Partien. In der Kunstschreinerei verarbeitet.

51. **Bongósiholz.** — Lophira alata Banks. —. Zentral- und Westafrika. Holz sehr hart und schwer, wird deshalb auch zu den Eisenhölzern gezählt. Splint von Farbe gelbbraun, mit lelbhaft rotbraunem Kern. Versuchsweise Verwendung gleich anderen sog. Eisenhölzern.

52. **Lianenholz.** Von verschiedenen Lianenarten. Kommt nur als Hirnholzfurnier in kleineren handtellergroßen Stücken in den Handel. Von Farbe schwarzgraubraun mit schwarzbraunen Umränderungen, eigentümliche aber interessante Figuren darstellend. Als Zierholz für Intarsien u. dgl. zu verwenden.

Korkhölzer.

Mehrere tropische Holzgewächse der verschiedensten Familien besitzen in ihren Stämmen oder Wurzeln ein Holz, welches in seinen physikalischen Eigenschaften dem echten Korke mehr oder weniger gleichkommt und daher auch als „Korkholz" bezeichnet wird.

Bislang fanden diese Korkhölzer in Europa nur geringere technische Verwendung. In neuerer Zeit werden jedoch aus einigen derselben Rettungsgürtel und andere Schwimmer angefertigt; da sie ferner infolge ihrer Großzelligkeit ausgezeichnete Wärmeisolatoren sind, finden sie auch nunmehr als Wandbelag für Kühlräume, Eisschränke, Kochkisten usw. vorteilhafteste Verwendung.

53. **Balsaholz.** — Ochroma Lagopus Swartz. —. Mächtige, zur Familie der Bombaceen gehörige Bäume der Antillen und des heißen Südamerika. Holz etwas seidig glänzend von weißlicher Farbe mit einem Strich ins Rotbräunliche. Das leichteste[1]) aller bekannten Hölzer. In der Heimat zur Herstellung von Kanoes benutzt. Soll eine vorzügliche Imprägnierfähigkeit besitzen.

54. **Das Korkholz des Ambatsch.** — Aeschynomene Elaphroxylon Guill. et. Perr. — Von allen Korkhölzern am längsten bekannt und am häufigsten beschrieben.

55. **Das Korkholz von Missouri.** — Leitneria Floridana Chapman.

56. Zu den **Korkhölzern** wird auch vielfach das weißliche, sehr weiche und leichte, aber gut zu bearbeitende Holz des in Ostafrika, Neu - Guinea u. a. St. heimischen, oft riesenhafte Größen erreichenden **Baumwollbaumes** — Ceiba pentandrea Gärtn. — (Eriodendron aufractuosum P.D.C.) gezählt, welches auch als Blindholz für Furnierungen Verwendung findet. Die Fruchtwolle dieses Baumes kommt im Handel unter dem Namen „Kapok"

---

1) Vergleichsweise Zusammenstellung der spez. Gewichte verschiedener Holzstücke meiner Sammlung.

Schlangenholz	1.41	Jarrah	0.98
Pockholz	1.32	Weißbuchenholz	0.769
Partridgeholz	1.27	Whitewood	0.42
Quebrachoholz	1.25	Zirbelkiefernholz	0.364
Madagaskar-Ebenholz	1.127	Korkholz von Missouri	0.198
Kokoboloholz	1.08	Echter Kork	0.1453
Greenheartholz	1.06	Balsaholz	0.1386

vor, wird auch als **Pflanzendunen** bezeichnet und dient zum Füllen von kleineren Kopf- und Liegekissen usw.

Monocotyle Hölzer.

Der großen Zahl der Nadel- und Laubhölzer reihen sich, eine eigene Gruppe bildend, die monocotylen Hölzer an, von welchen jedoch für die Zwecke der Holzbearbeitung nur einige **Palmenhölzer** sowie der **Bambus** und das **Stuhlrohr** in Betracht kommen.

Die Farbe der Palmenhölzer zeigt einen rotbräunlichen Grundton, aus dem im Querschnitt eine Menge kleine tiefschwarze Punkte, die wie Fliegenkot aussehen, hervortreten, während auf den Längsschnittflächen zahlreiche rotbraune bis schwarzbraune kurze Streifen erscheinen. Die Palmenhölzer finden meistens nur als Furnierholz zu Einlegearbeiten, in der Stockindustrie u. dgl. Verwendung.

In neuerer Zeit wurden versuchsweise auch Möbel aus Palmenholz, namentlich aus den in größerer Menge und in größeren Stücken im Handel als „St. Martinspalme" bezeichneten Art hergestellt. Die schwierige Bearbeitung und das unleidliche Nachtrocknen des Holzes ließen jedoch dieser Verwendungsart kein Feld gewinnen.

57. **Palmenholz. Palmyraholz, Zebraholz.** Von verschiedenen baumartigen Palmen, von welchem vornehmlich das Holz der **Kokospalme** — Cocos nucifera L. — unter dem Namen „**weißes Palmen-** oder **Porkupinenholz**" bei uns zur Verarbeitung kommt.

58. Als „**schwarzes Palmenholz**", Palmyraholz, Stachelschweinholz, Tabagoholz, wird das Holz der **Deleb-** oder **Palmyrapalme** — Borassus flabelliformis L. — bezeichnet, welches auch ziemlich häufig zur Verarbeitung gelangt.

59. Die **Dattelpalme** — Phoenix dactylifera L. — besitzt ein in seiner Färbung an altes Eichenholz erinnerndes Holz, während die in Indien und auf den Sundainseln verbreitete **Kitoolpalme** — Arenga saccharifera Labill. — an Schönheit in Farbe und Zeichnung sowie in Härte und Dauer die meisten der übrigen von Palmen stammenden Kunsthölzer übertrifft.

Von der namentlich in Brasilien wachsenden **Kokospalme** — Attalea funifera Mart. — sowie von einer im Amazonenstromgebiet heimischen Palmenart, welche dort als **Leopoldinia Pissaba** bezeichnet wird, die aber auch Attalea funifera Mart. als Stammpflanze hat, kommen die zur Herstellung der feinsten wie gröberen „Piassava"-Besen und -Bürsten benötigten zähen Fasern.

Die zur Herstellung von Flechtarbeiten, Hüten, Matten u. dgl. verwendeten **Raphiafasern** stammen von der in Ostafrika, Madagaskar usw. heimischen Raphia pedunculata P. B.

60. **Bambus. Bambusrohr.** Kommt gewöhnlich von Bambusaarten aus Ostindien, Japan u. dgl., und zwar meistens von Bambusa arundinacea Retz. Innen hohl, außen glatt und glänzend, knotig gegliedert. Findet bei uns hauptsächlich in der Stockfabrikation sowie in der Galanterieschreinerei Verwendung.

Das im Himalaya und in Ostasien heimische **Bambusgras** — Phyllostachys bambusiodes S. et Z. — liefert das zu Spazierstöcken verwendete **Pfefferrohr**; die **Pfeifenrohre** kommen von der im nordwestlichen Himalaya heimischen **Graminee** — Arundinaria spatiflora Ringall. —.

Manche zu Spazierstöcken verwendete Rohre werden künstlich durch
Rauch gebräunt.

61. Stuhlrohr. Spanisches Rohr. Kommt von verschiedenen Palmen,
und zwar meistens von den schlanken, geraden, finger- bis zolldicken Stämmchen der in Hinterindien, auf Borneo und Sumatra einheimischen Rotangpalmen, Arten der Gattung Calamus L. Sie finden bei uns teils in ganzen
Stücken in der Stockfabrikation, teils gespalten zu den verschiedensten Flechtarbeiten Verwendung.

Die schönsten Stücke der Rotangpalmen kommen wahrscheinlich von
Calamus Scipionum Lour.

Die jungen Blätter von Carludovica palmata Ruiz. et Pav. dienen zur Herstellung feiner Flechtarbeiten, wie der Panamahüte u. dgl.

Von besonderer Bedeutung für viele Industrien sind die beinharten Samen
verschiedener Palmen, welche unter dem Namen Steinnüsse, Elfenbein-
nüsse, Coruscconüsse, Karolinennüsse usw. das Hauptmaterial des
vegetabilischen Elfenbeines liefern. Dieselben lassen sich wohl schwer
schneiden, im trockenen Zustande aber auf der Drehbank leicht bearbeiten,
weshalb sie für kleinere Drechslerarbeiten als Ersatz für Elfenbein, vor allem
aber für die heutige Knopffabrikation ein wichtiges Rohmaterial liefern.

Alphabetisches Namen- und Sachregister.

Aus Natur und Geisteswelt

Jeder Band kartoniert M. 1.50, gebunden M. 2.—

Zur Wirtschaft sind u. a. erschienen:

Grundzüge der Volkswirtschaftslehre. V. Prof. Dr. G. Jahn. 2. Aufl. . . (Bd. 593.)

Geldwesen, Zahlungsverk. u. Vermögensverwaltung. Von G. Maier. 2. Aufl. (Bd. 398.)

Die neuen Reichssteuern. In knapper, übersichtlicher Darstellung mit Beispielen u. Tabellen f. d. Gemeingebrauch erläutert. V. Rechtsanwalt Dr. C. Decke . . . . . (Bd. 767.)

Grundriß der Münzkunde. 2. Aufl. Mit zahlreichen Abbildungen. I. Bd.: Die Münze nach Wesen, Gebrauch und Bedeutung. Von Hofrat Prof. Dr. A. Luschin v. Ebengreuth. 2. Afl. (Bd. 91.) II. Bd.: Die Münze in ihrer geschichtlichen Entwicklung vom Altertum bis zur Gegenwart. Von Prof. Dr. H. Buchenau. (Bd. 657.)

Statistik. V. Prof. Dr. S. Schott. 3. Aufl. (442.)

Die kaufmännische Buchhaltung u. Bilanz. Von Dr. P. Gerstner. 4. Aufl. Mit schematischen Darstellungen. Bd. I: Allgemeine Buchhaltungs- und Bilanzlehre. Bd. II: Buchhalterische Organisation. (Selbstkostenkontrollbuchführung.) . . . . . . (Bd. 506/507.)

Kaufmännisches Rechnen zum Selbstunterricht. Von Studienrat A. Dröll . . . (Bd. 724.)

Lehrbuch der Rechenvorteile. Schnellrechnen und Rechenkunst. Mit zahlr. Übungsbeisp. Von Ing. Dr. phil. J. Boste. . . . . (Bd. 739.)

Das Recht des Kaufmanns. Ein Leitfaden für Kaufleute, Studierende und Juristen. Von Justizrat Dr. M. Strauß . . . . . (Bd. 409.)

Das Recht d. kaufmännischen Angestellten. Von Justizrat Dr. M. Strauß . . (Bd. 361.)

Die Rechtsfragen des täglichen Lebens in Familie und Haushalt. Von Justizrat Dr. M. Strauß. . . . . . (Bd. 210.)

Antike Wirtschaftsgeschichte. Von Dr. O. Neurath. 2. Aufl. . . . . (Bd. 258.)

Wirtschaftsgeschichte vom Ausgange der Antike bis zum Beginn d. 19. Jahrh. (Mittlere Wirtschaftsgeschichte). V. Prof. Dr. H. Sieveking. (Bd. 577.)

Die Entwicklung des deutschen Wirtschaftslebens im letzten Jahrhundert. Von Geh. Reg. Rat Prof. Dr. L. Pohle. 4. Aufl. (Bd. 57.)

Geschichte des Welthandels. Von Dir. Prof. Dr. M. G. Schmidt. 4. Aufl. . . (Bd. 118.)

Englands Weltmacht in ihrer Entwicklung vom 17. Jahrhundert bis auf unsere Tage. Von Prof. Dr. W. Langenbeck. 3. Aufl. (Bd. 174.)

Geschichte des deutschen Handels seit dem Ausgange des Mittelalters. Von Prof. Dr. W. Langenbeck. 2. A. Mit 16 Tab. (Bd. 237.)

Der gewerbliche Rechtsschutz in Deutschland. Von Patentanwalt P. Tolksdorf. (Bd. 138.)

Deutsches Wirtschaftsleben. Auf geograph. Grundlage geschildert. V. Prof. Dr. Chr. Grubel. 4. Aufl. neubearb. v. Dr. H. Reinlein. (Bd. 42.)

Die deutsche Landwirtschaft. Von Dr. W. Claassen. 2. Aufl. Mit 15 Abbildungen und 1 Karte . . . . (Bd. 215.)

Ernährung und Nahrungsmittel. Von Geh. Rat Prof. Dr. N. Zuntz. 3. Aufl. Mit 6 Abbildungen und 1 Tafel. . . . (Bd. 19)

Der Tabak. Anbau, Handel und Verarbeitung. Von Jac. Wolf. 2. Auflage. Mit 17 Abbildungen . . . . . . (Bd. 416.)

Verkehrsentwicklung in Deutschland, seit 1800 (fortgeführt bis zur Gegenwart). Von Geh. Hofrat Prof. Dr. W. Lotz. 4. Aufl. (Bd. 15.)

Das Postwesen. V. Abteilungsdir. O. Sieblist. 2. Aufl. . . . . . . (Bd. 182.)

Das Telegraphen- und Fernsprechwesen. 2. Aufl. V. Abteilungsdir. O. Sieblist. (Bd. 183.)

Das Hotelwesen. Von P. Damm-Etienne. Mit 30 Abbildungen . . . (Bd. 331.)

Die großen Sozialisten. Von Privatdozent Dr. Fr. Muckle. 4. Aufl. 2 Bde. Bd. I: Owen, Fourier, Proudhon. (Bd. 269.) Bd. II: Pecqueur, Buchez, Blanc, Rodbertus, Weitling, Marx, Lassalle. . . . . . . (Bd. 270.)

Karl Marx. Versuch einer Würdigung. Von Prof. Dr. R. Wilbrandt. 4. Aufl. (Bd. 621.)

Soziale Bewegungen und Theorien bis zur modernen Arbeiterbewegung. Von G. Maier. 6. Aufl. . . . . (Bd. 2.)

Arbeiterschutz und Arbeiterversicherung. Von Geh. Hofrat Prof. Dr. O. v. Zwiedineck-Südenhorst. 2. Aufl. . . . (Bd. 78.)

Grundzüge des Versicherungswesens. (Privatversicherung.) Von Prof. Dr. A. Manes. 3. veränd. Aufl. . . . . (Bd. 105.)

Bevölkerungswesen. Von Prof. Dr. L. von Bortkiewicz. . . . . . (Bd. 670.)

Wohnungswesen. Von Prof. Dr. R. Eberstadt. Mit 11 Abbildungen im Text. (Bd. 709.)

Die deutsche Frauenbewegung. Von Dr. Marie Bernays. . . . . . (Bd. 701.)

Die moderne Mittelstandsbewegung. Von Dr. E. Müffelmann. . . . (Bd. 417.)

Die sozialen Organisationen. Von Prof. Dr. E. Lederer. 2. Aufl. . . . (Bd. 554.)

Die Konsumgenossenschaft. Von Prof. Dr. F. Staudinger. 2. Aufl. . . (Bd. 222.)

Berufswahl, Begabung u. Arbeitsleistung in ihren gegenseitigen Beziehungen. Von W. J. Ruttmann. 2. Aufl. M. 7 Abb. (Bd. 522.)

Die Arbeitsleistungen des Menschen. Einführung in die Arbeitsphysiologie. Von Prof. Dr. H. Boruttau. Mit 14 Fig. (Bd. 539.)

Verlag von B. G. Teubner in Leipzig und Berlin

If you have any concerns about our products,
you can contact us on
ProductSafety@springernature.com

In case Publisher is established outside the EU,
the EU authorized representative is:
Springer Nature Customer Service Center GmbH
Europaplatz 3, 69115 Heidelberg, Germany

Printed by Libri Plureos GmbH
in Hamburg, Germany